# 市民参加のまちづくり【グローカル編】

コミュニティへの自由

伊佐　淳
西川芳昭［編著］
松尾　匡

創成社

―――― 巻 頭 言 ――――

## 久留米大学経済学部文化経済学科 10 周年によせて

> 久留米大学経済学部文化経済学科設立 10 周年を記念して，私たち編者の活動を長年支援して下さった久留米大学経済学部文化経済学科駄田井正教授に巻頭言を書いていただきました。（編者）

　今回の衆議院選挙（平成 24 年 12 月 16 日）では，自民党が圧勝し政権に返り咲くことになった。しかし，正直言って返り咲いた自民党政権に期待する人は多くない。どの党が政権を握っても国民を満足させるものにはならないだろう。日本社会の失われた 10 年が 20 年になり，日々活気を失ってきている。この原因は政策のまずさに求められるが，それより根本的なことは，制度疲労である。制度が疲労しているのでまずい政策しか実行されないと言ってよい。

　江戸の幕藩体制は幕府の権力が強かったとはいえ，地方分権色の濃いものであった。そうでなかったら，討幕運動は成功していない。そして幕藩体制のままであったら，押し寄せる西欧列強の圧力に抗しきれずに植民地化されていた可能性が高い。明治維新を契機とした中央集権化なくしては，奇跡的と称される日本の近代化は実現しなかった。そしてまた，世界第 2 の経済大国にのしあがった戦後の復興と発展もなかったであろう。しかし，この成功体験が中央集権体制を温存し，結果的に重荷にしてしまった。

　「民主主義は地方分権がなければ充分担保されない」とか，「中央集権の民主主義は専制政治よりたちが悪い」などと言われる。中央集権体制では地方の事情や意思を十分吸収されず，ややもすると中央の一部の人たちによって国策が実質的に決定されがちであり，しかも全国画一的に施行されるので，人と金が中央に集まり地方が疲弊する。地方から権限をとりあげ，中央に権限が集中すると民主主義が担保されなくなり権力が暴走する。第 2 次大戦はそのような状況のなかで行われた。

現代の日本では，国内の一地域でも人口や経済の規模が大きくなり，例えば九州全体では人口・経済規模はほぼオランダ一国に相当する。また高等教育を受けた人の割合も高く，情報も行渡っている。このような状況では，地方のことは地方で決めるべきであり，かつ決めたことに関して，地方で責任をとるということでなければ，市民の政治への参画意識が薄れ，充実感もなくなった。

　今の日本でまずしなければならないことは，個別的な政策論争ではなく，中央集権体制から地方分権体制への移行という制度改革である。その点，民主党は官僚と戦うのでなく，中央集権体制と戦うべきだったのである。官僚がその能力を正当に国民のために発揮できないのは，制度のせいであり本人の能力のせいではない。明治維新後，幕臣でも有能な人の多くは新政府で活躍した。組織は，大きくなればなるほどピラミッド型の縦割りとなり，融通が利かなくなる。地方の事情にあった本当に住民の求めるものを実現するには，ホスピタリティに富んだ融通の利く制度でなければならない。

　しかし，この国の制度改革には少なくとも 10 年はかかるであろう。その間，座して待っていたのでは，ほんとうに日本はどうにもならなくなる。市民が積極的に参加する地域づくりやまちづくりが求められるところである。本書の編者たちは，ここ 10 年以上にわたって市民参加のまちづくりを調査してきている。そして自らも参画して実践してきている。この活動に関しては，すでに『市民参加のまちづくり（戦略編）』と『市民参加のまちづくり（事例編）』として上梓している。今回の『市民参加のまちづくり（グローカル編）』はさらに研鑽を加えたものである。

　日本社会が抱える根底的な課題は，相互に関係することであるが，過密過疎化を食い止めることと，少子高齢化社会にどう対応するかである。日本は，中国に第 2 位の地位を譲ったとはいえ，経済的にはなお豊かな国である。しかし，経済的な豊かさを充分感じられない状況である。それは，田舎では過疎化によって経済的な側面で生活が成り立たなくなってきていて，一方，都会では経済的には恵まれていても過密化して劣悪な生活環境となっているからである。

　宮崎県を観光地に築き上げた岩切章太郎氏は，日本の現況を人体に喩えるな

らば「頭熱足寒」の不健康状態であるとして，観光による地域振興に力を注いだ。日本を「頭寒足熱」の健康な状態にするには，制度改革と市民の積極的な参加が両輪として必要である。そして，中央で決めた政策を全国画一的に実施しても決してこの課題は解決しない。地域の事情に即した方法を市民が主体的に取り組むことではじめて解決がはかれる。本書は，このことに関して，豊富な事例と重要な示唆を与えてくれている。

　本書は，また，久留米大学経済学部文化経済学科創設10周年を意識して発行されたものである。文化経済学は，従来の経済学が――仮に産業経済学と呼ぶことにするが――，あまり取り上げてこなかった文化と経済の相互関係に注目するものである。産業経済学は産業革命以後の経済社会の工業化に対応して構築されてきたもので，文化は経済から切り離され，人々は市民という地域と総体的にかかわる存在としてではなく，生産者と消費者という経済的機能面から捉えられている。文化経済学では，まちや地域の再生に地域文化が大きな役割を果たすことに着目している。そして人々が市民として積極的にまちづくりや地域づくりに参画することは，その成果も期待できるが，その過程そのものも人々に満足感を与えるものと捉えている。

久留米大学経済学部教授　駄田井　正

## はじめに
## PREFACE

　本シリーズ「市民参加のまちづくり」は，私たち編者3人，伊佐淳，西川芳昭，松尾匡が，久留米大学経済学部助教授として出会い，1999年に同学部の公開講義「市民参加のまちづくり」を始めたことに端を発する。当時，NPO，NGO，協同組合，利用者自主管理の行政施設など，市民が主体的に担う参加型事業が各地で勃興しはじめていた。私たちはこれに着目し，私たちの地元の市民の前で，こうした活動の担い手の方々に取組みを紹介してもらうことを企画したのである。この公開講義を元に，主に講演者のみなさんに執筆してもらって，2001年に出版したのが本シリーズの初版であった。

　同書は幸いにもその後，増補改訂の機会を得た。そこでこの際，その改訂版である「事例編」に加えて，新たに各種専門家による理論的考察を編纂した「戦略編」を出版した。2005年のことである。これは，2003年度から前述の公開講義において，従来からの前期分の事例紹介に加えて，後期に理論編の講義を実施したことによる。参加型事業によるまちづくりも各地で経験を重ね，さまざまな課題に直面するようになって，その克服の道を冷静に考える時期にきたと判断して始めた企画である。

　こうした公開講義と並んで，私たちは，地元久留米市の中心市街地にイギリスのショップモビリティの仕組みを導入する市民の取組みを支援する活動を行ってきた。その一環で，地域通貨やナショナルトラストなどのイギリスの市民事業の視察，紹介活動も行った。これらの取組みをまとめたものとして，本シリーズの「英国編」を2006年に出版している。

　さらに，久留米大学経済学部では，「コミュニティ・ビジネス論」の公開講義も始めた。その講演者のみなさんを中心に執筆してもらい，2007年に本シリーズの「コミュニティ・ビジネス編」が出版されている。

　これら，「英国編」を除く三編は好評を得て増刷され，韓国でもハヌル出版

より翻訳書が出版されるに至っている。

「コミュニティ・ビジネス編」は，本シリーズの「完結編」と銘打たれ，このシリーズ企画はいったん幕を閉じることになった。そしてこの間，2005年には西川が名古屋大学国際開発研究科に，2008年には松尾が立命館大学経済学部に移籍したこともあって，やがて一連の公開講義も終わることになった。

そうしたところ，2012年に久留米大学経済学部文化経済学科設立10周年を迎えたこともあり，本シリーズに新たな1冊を加える構想が持ち上がったのである。同学科は，「文化経済学科」と冠する日本で最初の学科である。これからの地域経済は，福祉や観光などの対人的事業の比重の高いものになるだろう。その担い手としては，これまでの経済学が対象とした営利企業だけでなく，NPOや協同組合なども活躍するだろう。同学科は，教育，研究の両面で，このような地域経済に貢献することを，当初から射程に入れて構想されたものである。私たちの公開講義や本シリーズ出版は，この学科のメインイメージを担うものであった。

NPOや協同組合などの市民の自主的事業を取り巻く環境には，市場や営利企業セクターと，行政や政治組織と，町内会などの旧共同体の3種類がある。私たちは「コミュニティ・ビジネス編」で，このうち，市場や営利企業セクターとの関係を取り上げ，相互活性化と高い次元での収斂の可能性を探った。

本書はそれに対して，地域にもともとからある旧共同体との関係を取り上げるものである。特に「コミュニティ」というキーワードの再検討が主題になる。

本シリーズ「市民参加のまちづくり」の「まちづくり」の英語表記として私たちが選んだのは "community development"，直訳すれば「コミュニティ開発」である。大きな市場・大企業の動きや，大きな国家権力の動きに一方的に振り回されて，現場の勤労者，生活者が，さまざまな理不尽な犠牲を被ってしまう現状…このシステムに対抗して，現場の勤労者，生活者の都合から離れない社会システムを，——福祉の場なり生業の場なり，子育てやその他の支え合いの場として——自分たちの手の届くところから作っていこうという志向なのである。「コミュニティからの社会変革」と言える。

しかし，ではその「コミュニティ」とは何か。このような志向を持った人々の間では，「コミュニティ」という言葉は，疑問を許さないマジックワードとなっているのではないか。曰く「コミュニティの自立」，曰く「コミュニティの再生」，曰く「コミュニティ崩壊を防げ」——本当に，それは「自立」し，「再生」し，「崩壊」を免れればそれでいいのか。その言葉は，自己の美しい願望を投影することで，現実の地域の人間関係に存在する問題を直視することの障害になっているのではないか。共同体の崩壊で，開放的で自立した個人がもたらされることに社会の進歩を見た，丸山眞男，大塚久雄ら戦後近代主義者の提起した課題は，本当にとっくの昔に卒業してしまった古い問題なのか。

本書は，この問題を考えるための参考となることを期待して編まれた。

第Ⅰ部「理論の部」は，「「コミュニティ」を問いなおす」と題し，この問題の理論的基礎を考察している。第1章ではコミュタリアン（共同体主義）哲学による根拠づけと不寛容な排除とのつながりを指摘し，第2章ではコミュニティという概念自体の自明性を問いなおしている。

抽象的議論を好まない読者は第Ⅱ部以降の「事例の部」から読みはじめた方がいいかもしれない。第Ⅱ部は，「国内事例編」である。いずれの章も，非常に伝統的なコミュニティに，外部者やNPOなどが関わることで，開放的で創意革新に満ちた取組みを実現していることが示されている。

第Ⅲ部は，事例の部の「中・先進国編」と題し，OECD加盟国であるスペイン，カナダ，メキシコ，韓国を取り上げている。中・先進国とは言え，スペインの事例はアフリカのカナリア諸島，メキシコの事例は熱帯林地域の先住民村落である。いずれも，農村共同体と都市住民，あるいはその背景にある伝統的文化・自然と市民社会文明との間の関係をテーマにしていると言える。両者の間には，緊張関係や対立があると同時に，相互活性化や総合もある。特に，メキシコのオアハカ，チアパス州での伝統文化アイデンティティの擁護と女性，子供を含む権利擁護運動などとの相互活性化を見て，韓国のケースでの，伝統文化と市民的価値観との激しい闘争関係を読んだとき，そのコントラストに考えさせられるだろう。

第Ⅳ部は，事例の部の「途上国編」である。中国の内モンゴル，タイのバンコクのスラム，カンボジアの農村の事例が取り上げられているが，いずれも，外部者やNPO，NGOが地域コミュニティとかかわることで，成果をあげている事例である。特に，最後の第12章のケースは，日本とカンボジアの双方の，都市から離れた伝統的な農村コミュニティに，ともに深く内在して関わりながら，両者をつなぐ開放性と創意革新をもたらしている例である。

　これらの事例から見て取れることは，コミュニティの伝統文化や自然に基づくアイデンティティの絆と，個人の自由な創意や開放性とは，あれかこれかの引き合いと理解されて，適当なバランスが探られることが多いが，むしろ両者が相互促進的に働くケースもまた多いということである。両者の悪いところが相互促進されるなら，外部への従属が，伝統コミュニティの縛りを利用することでバラバラの利己的個人に強制されるといった，ありがちな悪例になろう。しかし両者のよいところが相互促進されるならば，外部と開放的に関わりながら，地域のアイデンティティの絆を活かし，なおかつ個人がますます自由闊達になる解決もあり得る。本書はそれを探るためのヒントを与えるだろう。

執筆者を代表して<br>
松尾　匡

# 目次
## CONTENTS

巻頭言

はじめに

### 第Ⅰ部　理論の部　「コミュニティ」を問いなおす

### 第1章　コミュニティからの変革の政治哲学的基礎付け ―― 3
―リベラル風コミュニタリアンの蹉跌を超えて―

松尾　匡
［立命館大学経済学部］

1．『反転する福祉国家』の衝撃　2．リベラル受容コミュニタリアンによるコミュニティ参加モデルの基礎付け　3．ネオコンと移民排除を生んだコミュニタリアン的基礎付け　4．コミュニタリアニズムの責任概念と福祉の位置づけが排除を生む　5．センの解決――アイデンティティをコミュニティ所属にかぎるな　6．普遍を求めることが公正にできるために

### 第2章　参加型開発で組織された住民組織が機能不全に陥るのはなぜか ―― 25
―フィリピンを事例に―

葉山アツコ
［久留米大学経済学部］

1．はじめに　2．地域社会によって異なる組織力―日本とフィリピン　3．農山村社会で機能している住民組織の特徴　4．外生的な目的達成型住民組織―機能不全化の原因　5．おわりに

| 第Ⅱ部　事例の部　国内事例編 |

## 第3章　奈良町におけるまちづくり——————47

上田恵美子

［(社)奈良まちづくりセンター］

1．はじめに　2．奈良町の生成とコミュニティ　3．奈良町のまちづくり　4．現在の奈良町と課題

## 第4章　沖縄県読谷村における新商品開発を核にした地域づくり——————64

伊佐　淳

［久留米大学経済学部］

1．はじめに　2．ユンタンザむらおこし塾　3．漁業の生産力を高める　4．読谷村における新商品開発の特徴　5．おわりに―地域の発展を目指してThink Globally, Act Locally！―

## 第5章　奈良における伝統野菜を使った農業の6次産業化——————82

冨吉満之

［名古屋大学環境学研究科］

1．背景と課題　2．農業における6次産業化の概念とその意義　3．作物の栽培化の歴史と伝統野菜　4．奈良における株式会社・NPO・営農組合が連携した農業の6次産業化　5．おわりに

| 第Ⅲ部　事例の部　中・先進国編 |

## 第6章　農村ツーリズムと地域住民——————103
―スペイン・カナリア諸島サンタ・ブリヒダ市の事例―

畠中昌教

［久留米大学経済学部］

ロドリーゲス・ソコーロ・マリーア・デル・ピノ
Rodríguez Socorro  María del Pino
［ラス・パルマス・デ・グラン・カナリア大学ツーリズム研究所 TiDES］

1．はじめに　2．サンタ・ブリヒダ市における近代ツーリズム　3．サンタ・ブリヒダ市における近年のツーリズム活動の再生と地域住民　4．おわりに

## 第7章　カナダにおける食料主権運動から学ぶ社会の持続可能性を作る仕組み————123

西川芳昭

［名古屋大学大学院国際開発研究科］

1．はじめに　2．マニトバ州における100マイル食料運動　3．コミュニティ共有型農業　4．おわりに

## 第8章　メキシコの事例にみるグローカル公共空間——143
—ローカルNGOと現場型リーダーの役割—

北野　収

［獨協大学外国語学部］

1．はじめに　2．グローバリゼーションとメキシコの文脈　3．地域づくりに関わるローカルNGOの事例　4．「社会を変えること」への含意　5．おわりに：市民社会とグローカル公共空間

## 第9章　韓国の社会変動と市民参与————163
—戸主制廃止の事例をもとに—

金　福圭

［啓明大學校行政学科］

訳　伊佐智子

1．はじめに　2．韓国戸主制の概要と具体的問題点　3．戸主制廃止の論拠および過程　4．戸主制廃止の成功要因と効果　5．おわりに

目次

xiii

## 第IV部　事例の部　途上国編

### 第10章　ビジネスを通じた中国内モンゴル・オルドスでの砂漠緑化事業 ―― 185

坂本　毅

［(有)バンベン］

1．きっかけ　2．オルドスの風景　3．砂漠緑化事業への目覚め　4．砂漠緑化事業開始までの道のり　5．ビジネスを通じた緑化事業　6．植林活動　7．ビジネスの流れ　8．ビジネスの広がり　9．新しい緑化の種，ビジネスの種　10．おわりに

### 第11章　タイ，クロントイ・スラムでのまちづくり ―― 205

松石達彦

［久留米大学経済学部］

1．はじめに　2．バンコクのスラム人口増加の経緯　3．バンコクにおけるスラム対策　4．プラティープ財団の取り組み　5．おわりに

### 第12章　ゴランピアのにぃちゃんの飽くなき挑戦！ ―― 225

里川径一

［AIM国際ボランティアを育てる会］

1．ゴランピア!?　2．「あんた，そげん自転車すいとーとな??」　3．適正技術ってなに?　4．バカポジティブでGO！　活動のなかで生まれてくる出会い　5．「なんでこれがメイドインジャパンかやん?」　6．思うようには行かねども……　7．今日の失敗を明日の経験に活かせ！　8．ただのプレゼントではなく　9．個人への支援がコミュニティの支援へ　10．コメ銀行プロジェクトとは　11．共同体をつくる!?　12．自信をつける村のおじちゃんたち！　13．タグネン村＝バカ村??　14．パイナップルの時代!!　15．海外にでて気づく日本の田舎の地域力!!　16．田舎に住むって大変??　17．滅びるばい……　18．古　里　19．H 23.11.14 晴れ

あとがき　247

# 第Ⅰ部
## 理論の部

「コミュニティ」を問いなおす

# 第 1 章

# コミュニティからの変革の政治哲学的基礎付け
―リベラル風コミュニタリアンの蹉跌を超えて―

松尾 匡

[立命館大学経済学部]

## 1.『反転する福祉国家』の衝撃

### (1) 市民参加によるコミュニティへの社会的包摂

　本稿執筆年の2012年7月，水島治郎著『反転する福祉国家――オランダモデルの光と影』という本が岩波書店から出版されている。

　これは，筆者にとっていささか衝撃的な内容をもった本であった。

　表紙にはオランダを代表する大画家，レンブラントの名作『夜警』が目を引く。レンブラントの絵は光と影の対照を効果的に使っていることで定評がある。著者水島はこれを，副題の「オランダモデルの光と影」を象徴するモチーフにしているのである。光が当たってまぶしく浮かび上がる人物と，暗がりにまぎれた群像の対照が著しい，まさに代表作としてあげるにふさわしい作品なのだが，オランダモデルの「光」を論じた章の扉には，光の当たった人物のなかでも，中央の主人公格の正副隊長ではなくて，わざわざ１人の女性の部分を取り出してかかげていること，「影」の章の扉には，物騒な鉄砲を構えた人物の部分を取り出してかかげていることに，著者の細かい演出を感じる。

　ではオランダモデルの「光」とは何か。

　本書を含む筆者たちの『市民参加のまちづくり』シリーズにおいて，われわ

れは前世紀末以来，身近なコミュニティからの新しい社会システムの創造を提唱してきた。市民が自発的に参加して営まれるNPO，協同組合，コミュニティビジネスや市民参加型行政などによって支えられたコミュニティを，草の根から創造していくという路線である。

オランダモデルは，この路線の1つのモデルケースを提供するものと言える。たしかに，世間に知られるオランダ特有の社会政策のあれこれ具体的な形態——ワークシェアリング（労働時間短縮による雇用創出），ワークフェア（就労を通じた福祉），フレキシキュリティ（解雇規制の緩和など労働市場の柔軟化と非正規労働者の地位向上＝事実上の正規化の組み合わせ）など——に対しては，賛否さまざまな意見があるだろう。しかしここで重要なのは，従来の福祉国家思想とは異なる，これらの政策を貫く根本思想である。

すなわち，ここで重視されているのは，「参加」という概念だと言う。社会的弱者にも，従来は専業主婦であった層にも，就労を通じて社会参加を求めるなどして，「社会的包摂（インクルージョン）」を実現しようというのが根本思想なのである[1]。この点で，市民を一方的な福祉の受給者とみなす従来の福祉国家思想との違いがあるわけである。もちろん，自助努力の名のもとに多くの人々の社会的排除を進める新自由主義とも違うとされる。

われわれが打ち出してきた方向も，この意味で共通している。市民を一方的な受給者とみなす70年代までの行政主導のシステムも，その後の市場と大企業重視の弱肉強食のシステムもともに排して，市民が企画レベルから意思決定に参加して意識的に担う事業によって，コミュニティへの社会的包摂を実現しようというのが根本思想だったのだから。

## （2）コミュニティへの「包摂」が「排除」を生む！

他方，この本で現代オランダ社会の「影」として取り上げられているのが，移民排斥を唱える新しい右翼運動の隆盛である。従来は，移民排斥の主張は極右ファシスト扱いされて，ヨーロッパでは決してメインストリームの政治舞台で市民権を得ることはなかった。ましてやオランダは昔から「寛容」で知られ

た国である。麻薬も売春も安楽死も自由。「アンネの日記」の昔から,非キリスト教徒を受け入れて,近年もトルコ人やモロッコ人はじめ多くの非ヨーロッパ系移民に門戸を開いてきた。外国人批判はタブー視され,極右は泡沫勢力にすぎなかった。

　それが今世紀に入ってから,既成政党批判を唱える大衆扇動政治家が急速に支持を広げ,その移民排斥の主張が市民権を得るようになった。その広がりを既成政党も無視できなくなり,オランダの移民・難民政策は,門戸制限の方向に大きく舵をきることになった。

　このような排外主義的なムードは,EU統合への反対という形でも現われており,2005年には,EU各国で批准されてきた「ヨーロッパ憲法条約」が,国民投票の結果大差で否決されるに至っている。

　さて,この「光」と「影」を別々に取り上げた論考はこれまでにもあっただろう。それに対して,この本が衝撃的なのは,この両面が別々にあるものではなくて,「光」の側面が「影」を生み出している構造を喝破したことにある。

　すなわち,「参加」の重視ということが,参加できる者とできない者との間に線を引くことをもたらすのである。コミュニティの一員として「社会的包摂」を目指すということは,コミュニティのために貢献しない者,「包摂しがたい存在」を,コミュニティの一員でない者として排除することに通じる。「包摂」と「排除」は表裏一体ということなのである[2]。

## (3) コミュニケーション重視の分野の拡大と「参加／排除」

　とりわけて水島が着目するのは,今日の「脱工業社会」において,社会的包摂が唱えられるようになった意味である[3]。そこにおいて「生産」されるものは,モノならざるもの——福祉ケア,医療サービスや「環境や安心,町並みや景観,文化や芸術性,製品デザイン」[4]等々である。これらのことのためには,生産者どうし,利用者と生産者との間での「円滑なコミュニケーション」が決定的に重要になる。水島は,オランダはじめ欧米先進国が近年,「言語・文化」を基準として移民排除政策に乗り出した背景には,このことがあると指摘して

いる。

　まさにここにあげられている「脱工業社会」における「生産物」こそ，われわれの『市民参加のまちづくり』シリーズの取り上げてきた諸実践の主たるフィールドだったではないか。これらの，現場の創意とコミュニケーションが重視される領域に，経済の営みの重心が移っていることこそ，大資本や行政ではなく，現場の従業者や利用者に主権のある新しい経済システムを広げていく社会変革が展望される根拠と，われわれがみなしたものだった。

　水島の指摘したのは，この変革路線の本質が排除をもたらす可能性である。20世紀型福祉国家である「所得分配中心・ニーズ決定型の福祉国家」から，新しい「社会的包摂中心・ニーズ表出型の福祉ガバナンス」への転換を唱え[5]，われわれと同様の，民間非営利組織などの担う福祉コミュニティ創出路線の提唱者の代表格となってきた宮本太郎が，今日，ワークフェア型福祉と福祉排外主義との関連を指摘している[6]ことからも，この問題の重大性が見て取れる。

　われわれも，手持ちの事例の周辺から検討の種を探すことができる。『市民参加のまちづくり』シリーズで，滋賀県長浜市のまちづくりは，先進的事例として取り上げてきたものである[7]。このまちづくりそのものとは何の因果関係もないことであるが，2006年にその長浜市で起きた園児殺害事件の衝撃は，今でも記憶に新しい。被害園児の同級生の母親である中国人女性が，社会的な孤立感を深めるなかで自分の子がいじめられていると思い込んでの犯行だったのだが，保護者による当番制のグループ通園の送迎中に犯行がなされたことが波紋を広げた。事件では裏目に出てしまったが，これは園児の安全のために，長年長浜市の市立幼稚園で一般的にとられてきた同市独特のシステムで，この存在自体が全国的には驚きをもって受け取られた。

　このようなシステムは，よほどコミュニティが確立していなければ，もとより導入不可能だろう。あのまちづくりを成功させた長浜であるからこそできたのではないか。しかも行政まかせにしない市民参加型コミュニティ運営の典型ケースとも言える。しかし，加害女性はこのシステムになじめず，一時個別送迎に切り替えていたのだが，園の説得を受けて結局グループ通園に戻り，スト

レスを深めたのである。まさに「参加」が「排除」を強化したのだ。しかも，グループ通園システムに対する違和感の声は，実はもともと保護者一般からも一部上がっていた。

　考えてみれば，「脱工業化」の流れのなかで，排除される立場になるのは外国人にかぎった話ではない。世のなかには，相手を気遣った対人コミュニケーションが得意でない個性の人もいるのが自然である。工業時代ならば，そのような人々にも，「物」を相手に社会の役に立って暮らしていく道が豊富にあった。しかし，そんな場が少なくなり，他人の顔色をうかがう仕事ばかりになってくると，気遣いやコミュニケーションに困難のある個性の人々は行き場をなくしてしまう。こうして社会から排除される者が増えると，彼らが自分たちよりコミュニケーション困難な外国人などを排除するようになっても不思議ではない。

　多くの普通の性格の人でも，日常的な対人調整が増えてくるとストレスが増す人は多いだろう。グループ通園システムに関しても，少なからぬ保護者たちがそう感じていたのだろう。これを，個人の克服すべき欠点として切って捨ててしまうわけにはいかない。

## （4）本シリーズの拙論を振り返って——コミュニティ開放の方策

　もちろん，われわれはコミュニティがもたらす閉鎖集団化の危険について，無自覚であったわけではない。

　筆者は，『市民参加のまちづくり』シリーズの「戦略編」の第1章[8]において，まちづくりでもそれを構成する個々の事業体でも，一般当事者の意思決定参加を重視する共同体志向の段階とともに，リーダー主導でオープンな市場志向の段階があって，両者が交代し続けなければならないと論じた。

　同じく「戦略編」の結章[9]で筆者は，協同組合や民間非営利事業が変質する原因を探るなかで，閉鎖集団化が重要な変質ルートになっていることを指摘した。そして，一般に「市場／国家／コミュニティ」の三項図式で「コミュニティ」とひとくくりにされているものは，閉鎖的な「身内共同体」と，開放的な

7

「アソシエーション」に分けて把握すべきことを提唱した。

さらに,『市民参加のまちづくり』シリーズの「コミュニティ・ビジネス編」では,筆者は,協同組合やNPOなどの市民事業が閉鎖集団化しないための1つの鍵として,倫理のあり方に着目した[10]。開放社会に対応する倫理は,日本で言う「商人道」である。それに対して,閉鎖社会に対応する倫理は,日本で言う「武士道」である。前者は,「見知らぬ他人にも誠実に」ということが基本価値である。後者は,「身内にはどこまでも忠実に」ということが基本価値である。両者は基本的なところで矛盾している[11]。

筆者が提唱したのは,協同組合やNPOなどの市民事業のかかげる倫理は,商人道の方でなければならないということである。そうしてこそ開放社会にふさわしい人間関係を律することができる。これを取り違えて武士道型の身内第一の倫理をかかげると,排他的な閉鎖集団化の変質が促進されるのである。

しかし,以上のこれまでの考察は組織・運動論にとどまるきらいがあった。われわれのコミュニティ変革路線とオランダモデルなどの違いをはっきりさせるためには,これらのレジームを支えた政治哲学思想やそこにおける「責任」概念まで掘り下げて再検討しなければならない。以下ではそれを試みる。

## 2．リベラル受容コミュニタリアンによるコミュニティ参加モデルの基礎付け

### (1) ニュー・コミュニタリアンによるリベラリズムの論点受容

もちろん,コミュニティからの変革路線の提唱者は,たいてい閉鎖集団化の危険については当然のように気づいていて,個人を埋没させない開放性の必要を説いてきた。日本において,非営利・協同セクターによるコミュニティからの今日的な社会変革路線を,1990年代初頭という非常に早い段階から公に問うてきた藤田暁男が,「ニュー・コミュニタリアン」の所論の検討から理論的考察を始めている[12]のはそのためであろう。90年代に登場したニュー・コミュニタリアンは,リベラリズムの提唱する個人の自立や開放性の必要を認めた

「総合」として打ち出されていたからだ。

　リベラリズム（＝自由主義）と，コミュニタリアニズム（＝共同体主義）の間の，古典的な論争において[13]，コミュニタリアンは，リベラリズムの依拠する「個人」なる概念を，どこにもいない，のっぺらぼうの抽象的個人だと批判した。人間というものは，どこか特定の共同体に埋め込まれた存在だと言うのだ。そして，リベラリズム論者が普遍的だと思っている人権などの正義は，実は普遍などではない個別的な「善」の一種にすぎず，政治過程から，何が「善」かの道徳的価値観をぬぐい去って中立を装うことなどできないのだと言う。そして，それぞれの共同体によって形成される「善き生き様」を重視し，人々の間のきずなに基づく道徳秩序の再興を提唱した。このような議論に対してリベラリズムは，共同体が個人を抑圧する危険を指摘し続けたのである。

　この論争を経た「ニュー・コミュニタリアン」の主張は，エツィオーニによって編まれた『ニュー・コミュニタリアンの考え方』[14]という論考集に示されている。そのなかでエツィオーニ[15]，スプレージェンズ[16]，ウォルツァー[17]らが述べているのは，自分はリベラリズムが主張する論点を否定しているわけではなくて，すべて受け入れているのだという弁明である。

　すなわち，「個人」と「共同体」は互いに根拠づけあっている。共同体は何をやってもいいわけではなく，人権が優先されるのは当然だ。個人の権利と社会的責任は表裏一体なのであって，権利をないがしろにするつもりはない。ロックやスミスのようなリベラリズムの創始者は当然のように「共通善」を求めた。彼らは集団の縛りが強すぎてバランスがとれていない時代にいたから個人の権利を強調したのだ。自分は，今のアメリカは逆に個人の権利を主張しすぎる方向でバランスがとれていないと思うから，共同体と社会的責任を提唱しているだけである。リベラリズムも決して価値中立的ではなく，「自由」というものを根源的な社会的価値として提唱しているのだし，もともとから，「自由・平等」と並べて「博愛」を究極目的とみなした。これは，コミュニティの市民間の友愛にほかならず，コミュニタリアンの立場と同じである——等々。

## （2）ニュー・コミュニタリアン理論に基づく福祉モデル転換

　このようなバランス論的な折衷によって、90年代のコミュニタリアニズムは、コミュニティの再建を求めることが、個人の自立や開放性、人権原理などと両立すると請け負ったのである。先述の藤田暁男が、このニュー・コミュニタリアンを理論的ベースにして、非営利協同セクターが中心になって担うコミュニティからの変革路線を打ち出していったように、この理論は、世界中で、福祉国家モデルの同様の転換の理論的根拠づけに影響を与えた。

　特に、リベラル対コミュニタリアン論争のお膝元のアメリカでは、民主党の政治哲学的ブレーンがリベラリズムからコミュニタリアンに入れ替わった。「大きな政府」による社会保障を充実させようとしたアメリカ・リベラル派に替わって、クリントン政権ではコミュニタリアンのガルストンがホワイトハウス入りし、「大きな政府」よりはむしろコミュニティと、彼が「アソシエーション」と呼ぶ民間社会事業とに依拠する政策方向を打ち出したのである[18]。このようななかで、ブッシュ大統領に選挙で惜敗した民主党のゴア候補が、自らをコミュニタリアンと公言していた[19]ことは時代を象徴している。

　イギリスのブレア労働党政権による「第三の道」はじめ、ヨーロッパにおける福祉国家モデルのさまざまなタイプの転換も、総じて大枠ではこの流れのなかに位置づけられよう。もとよりヨーロッパでは、協同組合や非営利組織が「第三セクター」や「社会的セクター」と呼ばれて、分厚い層をなしてきた。旧福祉国家路線が行き詰まるなかで、これに依拠する方向に政策が進むのは自然である。藤田暁男が90年代のスウェーデンで目にしたのも、重福祉国家モデルが行き詰まったあとで、地域コミュニティにおいてさまざまな協同組合が福祉サービスを供給している豊かな福祉社会の姿であった[20]。冒頭取り上げたオランダモデルもまた、この一環に入ることは言うまでもない。

　しかし、この結果できあがったコミュニティは、ニュー・コミュニタリアンの請け合ったように、個人の自立と多様性、開放性と両立するものではなく、その本質において排除をもたらすものだったかもしれないのである。

## 3. ネオコンと移民排除を生んだコミュニタリアン的基礎付け

### （1）ネオコンはリベラリズムのせいかコミュニタリアンのせいか

　そもそもニュー・コミュニタリアンのお膝元アメリカでも，彼らの天下が続いたわけではない。コミュニタリアンのゴアは共和党のブッシュに破れ，その後のアメリカ政治を壟断したのは，言うまでもなく新保守主義（いわゆる「ネオコン」）の嵐である。この現象に対して，リベラルもコミュニタリアンも，互いに相手の思想の成れの果てとみなすことができた。

　新保守主義が，「人権」「民主主義」などを「普遍的価値」と称して振りかざし，そうなっていない発展途上国に対して，最終的には武力をも使ってそれを押し付けようとする姿勢は，リベラリズムの帰結と映るかもしれない。リベラリズムこそ，現実のコミュニティの価値観とは切り離して，抽象的人類一般に共通する普遍的な価値として，「人権」等々を強調してきたからである。

　しかし他方，新保守主義は，同性愛や妊娠中絶をめぐる伝統道徳を争点に持ち出して政治的多数を獲得したという面もある。価値中立を唱えるリベラリズムを批判して，特定の「共通善」を語るべきだというのは，まさにコミュニタリアンの言ってきたことだったではないか。家族の重視も，中間集団や地域コミュニティの重用も，建国の共和主義的価値へのシンパシーも，新保守主義の言っていることは，コミュニタリアンと見まがうことばかりである[21]。

　こうなることは，実は当然である。私見では，リベラリズムとコミュニタリアニズムとの間の，90年代的ななんとなくの妥協のなかにこそ，新保守主義の受容へとつながる芽があったのだから。

### （2）コミュニタリアンの特殊アメリカ的リベラル受容の破綻

　ニュー・コミュニタリアンによるリベラリズム論点丸呑みは，一見ごく真っ当に見えるかもしれない。しかし，それは彼らがアメリカのコミュニティを念

頭においているからである。建国の共和主義的理念を引き継ぎ，「大草原の小さな家」のような自立した独立生産者たちが作った伝統の共同体。それはその共同体の価値観のなかに本質的に個人の自立と自由，互いの権利の尊重が含まれている。その建国の理念は，ロックたち啓蒙思想家に行き着くのだから，リベラリズムの創始者たちがアメリカ・コミュニタリアンの提唱する価値観を唱えていたのは当然である。

しかしこれがたとえばタリバンのコミュニティの価値観だったらどうなるか。

リベラル対コミュニタリアン論争のとき，コミュニタリアンが，「人権」などのリベラル側の言う「普遍的価値」は実は「普遍」ではなく，特定の「善」の一種にすぎないと批判したことを，90年代の妥協的コミュニタリアンは忘れてしまったのかもしれない。だが，現実にはそれは欧米世界の価値観で，世界には「人権」など知らない生活をしている人々がたくさんいたのである。そういった世界のコミュニティから見れば，アメリカ人の言う「人権」や「個性」など，欧米世界の特殊な「善」の一種にすぎず，自分たちにはそれと異なる「共通善」があるのだということになる。

こう考えれば，ニュー・コミュニタリアンのような軽々しい妥協はできなかったはずである。そこをあいまいにしていたから，いざ自分たちとかけ離れた価値観のコミュニティとぶつかった時，「人権原理などわれわれアメリカ人のコミュニティの価値ある共通善は世界に広げてしかるべき」となることは自然である。

## (3) コミュニティの「共通善」の犠牲者をどう救う？

もちろんコミュニタリアンは，それは自分たちの本意ではないと言うだろう。実際エツィオーニは対外宥和を訴え，ガルストンもイラク戦争に反対している[22]。国内でも国際関係でも，それぞれのコミュニティが互いを尊重しあい，それぞれの「善」が共存しあう状態を望むのがコミュニタリアンの立場なのである[23]。しかし，それで問題が解決するだろうか。

世界には，陰核切除をするコミュニティもあるし，悪魔狩りをするコミュニ

ティもあるし，レイプの犠牲者の女性側を殺すコミュニティもある。それぞれのコミュニティの「共通善」を尊重するというならば，これらに対して批判することも，先進国の特殊な価値観からの裁断であるとして退けられなければならない。しかしこれらのコミュニティのメンバー全員が，こうした価値観を受け入れているのかというと，やはり同調圧力からこぼれ落ちて抑圧を感じる犠牲者は必ず存在する。深沢七郎の『楢山節考』でも，姥捨ての風習を内面化して淡々と死に臨む老婆とともに，どうしてもそれを受け入れられず最後まであがいて殺される老人が描かれているように。

これらの犠牲者を座視できないならば，1つの方向は，やはり「人権」のような全人類に普遍的な価値を設定することである。逆に，それを欧米の価値観とみなして相対化する立場をあくまでとるのならば，このような人権抑圧に見えるコミュニティの価値観も尊重しないわけにはいかない。そのうえで，どうしてもこぼれ落ちる犠牲者に配慮しようとするならば，自分が受け入れられない価値観のコミュニティを捨てて，別のコミュニティに移る自由をすべての人々に認めなければならない。

## （4）コミュニティ間の移動自由はコミュニタリアンの本質と矛盾

では，コミュニティ間の移動が成り立てば問題は解決するのだろうか。

同性愛に対して禁圧的な価値観のコミュニティから同性カップルが逃れ，例えばタイのように同性愛や性転換に寛容な伝統を持つコミュニティに移動して，性転換手術を受けて暮らすという事例は，多くの人が是認することだろう。では，十代はじめの少女が親の取り決めで結婚させられるのが普通のコミュニティが現実にあるが，先進国の児童性愛者が自己の性欲を満たすためにそのようなコミュニティに移動して，十代はじめの少女と相手の意思におかまいなく結婚することは認められるだろうか。前者がよくて後者が悪いとはなぜ言えるのか。同性愛に対して抑圧的なコミュニティの価値観の者から見れば，どちらも同じ程度に「不道徳」に見えるのではないか。

そもそもこのような極端な例を持ち出すまでもなく，社会的な流動性が，コ

ミュニティそのものを危機にさらしていることは、ウォルツァーも指摘する通り[24]、コミュニタリアン自身が日頃懸念してきたことであった。

　結局、筋を通すならば、行き着くところ 2 つしかないのだ。1 つの方法は、「人権」のような全人類に普遍的な価値を設定して、それを基準にそれぞれのコミュニティの価値観を評価して正すことを方向性として認めること——早急に武力に訴えるのではないにしても。反対にそれぞれのコミュニティの価値観を尊重するならば、移動は認めず、それぞれの内部で発生する犠牲に対しては、外の者は目をつぶるということである。

　水島によれば、オランダにおいて、従来の政策を転換して移民制限を進めたバルケネンデ首相は、自らの立場を「コミュニタリアン的」と称し、エツィオーニやマッキンタイヤーのようなコミュニタリアンの有名論客を引用していると言う[25]。思い返せばかつてフランス極右「国民戦線」を創設したルペンは、フランス人にはフランス人の、イスラム教徒にはイスラム教徒の伝統があるのだから、それぞれ互いに尊重しあって干渉しないために、互いの場所に入り込んではいけないというレトリックで移民排斥を語ったものだ。欧米先進国以外をも巻き込んで展開するグローバル化に直面するなかにあっては、コミュニティをベースにした社会的包摂型の福祉社会という路線は、その背景にあったコミュニタリアニズム思想自体、理の当然として排除の論理を生み出すわけである。

## 4．コミュニタリアニズムの責任概念と福祉の位置づけが排除を生む

### （1）自己決定の裏の責任 vs 定められた役割を果たす責任

　そもそも、リベラリズムとコミュニタリアニズムは、そう簡単に妥協させてよいものではない。

　エツィオーニは前述の論文で、個人の権利と社会的責任との関係をバランス論のように見立て、リベラル派が「権利」ばかりに傾き、「責任」がそれを支える仕組みを無視するから、コミュニタリアンは「責任」を強調するのだと論

じた$^{(26)}$。しかし私見ではこの見方は間違っている。

　リベラリズムにしてもリバタリアン（＝自由至上主義）にしても，およそ自由主義的立場の者で，個人の権利の裏に責任があることを認めない者はいないだろう。しかもその両者の関係は，引き合いの関係ではなくて，互いに強め合う関係なのである。

　ここで言う「責任」とは，自己決定の裏にある責任である。自分の自由意志で決めたことの結果，自分に不利なことになってもそれは自分１人で引き受ける。他人に被害を及ぼしたならば補償し，二度と同じことをしないようにする。

　共同体のなかにおける「責任」はこれとは全然違う。自己決定の裏の責任ではないのだ。それは，共同体のために，あらかじめ定められた役割を果たす責任である。その役割を自由意志で選びとっているかどうかにはかかわらない$^{(27)}$。

　ニュー・コミュニタリアンたちが両者を混同したのは，やはりアメリカの特殊条件が原因だろう。共同体のための役割責任というなかで究極のケースである兵役について考えてみよ。コミュニタリアンが引き継ぐアメリカ建国の共和主義的理念は，自由な諸個人が自らの意思で結成したという社会契約論的国家観に基づく。自分で選びとった国家だから自分で守るのである。ここでは，国家という「身内共同体（「ゲマインシャフト」）」が「結社（「ゲゼルシャフト」）」に擬制されている。今日でも，万事において，公的なことが自立した市民たちの主体的形成物として擬制されるのである。この限り，「自己決定の裏の責任」というリベラリズムの責任概念との違いは自覚できない。

　しかし，革命なり独立なり，自由な諸個人が自らの意思で国を創った経験を持たない日本のような場合はこうはいかない。「おおやけ」という言葉が，「大きな家」からきているように，そこでは，およそ「公的」なことが，個人の選択以前から存在する定められた身内共同体として現れる。本来「結社」である会社まで，「身内共同体」の家族になぞらえられる。「自己決定の裏の責任」という責任概念はあまりなじまれず，「個人の権利」は「利己の容認要求」のように理解されがちである。「責任」といったときにまず意識されるのは，集団のなかであらかじめ定められた役割を果たす責任の方である。だから，コミュ

ニタリアン的論理が強調されると，個人の権利はとめどなく抑え込まれていく[28]。

## （2）「無知のベール」vs 同胞を助ける責務

　この責任概念の違いにあわせて，リベラリズムとコミュニタリアニズムとでは，福祉思想に根本的な違いが生まれる。本来，個人の自由を尊重するリベラリズムからは，強制的課税によって弱者に再分配するような福祉思想は出てこないと思われるかもしれない。実際，自由主義の立場を突き詰めたリバタリアン思想のなかでは，再分配のための課税に反対する議論が有力である。しかし，第二次大戦後のアメリカ・リベラルは再分配のための課税を主張した。

　その代表的論客であるロールズの「無知のベール」と呼ばれる理屈づけは有名である。おとぎ話風に敷衍して言えば，われわれがみな生まれる前，天上の無垢な天使であって，みな自分が地球上のどこでどんな境遇のもとで生まれてくるかわからないとき，自分にとって最適になるように合理的に知恵を振り絞ったらどうするかを考えるのである。そうすると，どんな状況のもとに生まれついても最悪のことにはならないように，たまたまいい境遇のもとに生まれて能力を発揮できたものは，最悪な状況にいる人を助けましょうという保険契約をみんなで結ぶのが最適だと悟るだろう。課税して福祉政策をとることは，この契約の履行なのだというわけである。

　ここでは，徹頭徹尾，個人の自由な意思決定だけがでてくる。福祉を支える責任は，個人の意思決定の裏の責任という責任概念に帰着されている。実際には何もそんな意思決定はしていないかもしれないのだが，個人が社会契約国家を選びとる話と同様，必要な合理的フィクションとみなされるのである。

　コミュニタリアンによる福祉の位置づけはそうではない。自分が選んだかどうかにかかわらず，共同体のメンバーには，もともと同胞を助ける責務があるとされるのである。リベラリズムの立場とは根本的に異なる責任概念によって基礎づけられていることに注意しなければならない。

　では，コミュニティへの社会的包摂のために民間非営利セクターなどの担う参加型福祉供給は，どのように位置づけられていたのか。ここでは，旧来の行

政の一律の福祉供給を退けて，利用者が自己の具体的なニーズを表出し，自己決定すること，供給者がそれを掘り起こすために創意をこらすことが重視されている。その意味で，個人がリスクのなかで自由に意思決定するというリベラリズムの社会図式に基づいている。ところがこれまでは，「同じコミュニティの同胞を助ける責務」というコミュニタリアン的な位置づけで，このタイプの福祉をも根拠づけながら，それが今述べたリベラリズム的図式と相容れるかどうかについて意識してこなかったのではないか。

### （3）コミュニタリアン的福祉の位置づけが排除を生む

しかし，官製の一律サービスではない，個人に細やかに合わせた福祉を作ろうとして，いざ価値観を共有しない異質な人々がいる現実に直面した時，コミュニタリアン的な福祉の位置づけからは，異質な人々はコミュニティの同胞にあらずとして，福祉の対象から排除する動きが起こるだろう。

今日，ノルウェー進歩党やデンマーク国民党などの「福祉ショービニズム」と言われる新しいタイプの右翼政党が北欧諸国で躍進し，ついに現実政治に影響力を得るに至っているが，彼らは高度な福祉国家そのものは積極的に追求し，新自由主義に与することはない。ただその福祉を自国民に限り，移民や外国人をそこから排除しようとするのである[29]。これは，少なからぬ人々が，ロールズのような普遍主義の位置づけではなく，コミュニタリアン的な同胞助け合いの位置づけで福祉国家を理解していたことを意味しているだろう。

たしかに多くのこれらの右翼政党は，業績主義的傾向を持つ[30]が，これを新自由主義的な自己責任原理と理解するのは誤解であろう。水島がオランダを典型例として示した図式と同様，ワークフェアの新型福祉原則は北欧でも取られているので，働くことを受益の条件とする原理が業績主義につながるのは自然である。むしろここには，国家共同体に貢献した者が福祉の恩恵を受けられるというコミュニタリアン的責任原理の発想があり，そうした貢献をしていないとされる移民をフリーライダーとみなすことにつながっている[31]。

ちなみに，これら新しい右翼は，自民族の優越を信じた昔のファシズムと異

なり，それぞれの共同体が異なったものであることを形式的には「平等に」承認したうえで，自らの純化を要求している[32]。先にバルケネンデやルペンについて触れたとおり，まさにコミュニタリアンが左派的なつもりで言ってきたことが逆手にとられているのである。

## 5．センの解決——アイデンティティをコミュニティ所属にかぎるな

### （1）コミュニティの一員としてのアイデンティティのおぞましさ

　私見では水島の本と近年の最重要出版書の双璧をなすのが，勁草書房から出たセンの『アイデンティティと暴力』であろう。リベラリズムを独自に継承するセンは，ここで，コミュニティの一員としてのアイデンティティを人間にとって決定的なものとみなすコミュニタリアンの了解が，悲惨な民族紛争やテロ，個人の抑圧をもたらすことを強調している。

　欧米に暮らす移民家庭では，若い娘たちが外の影響を受けないように監視され[33]，マジョリティ側の青年とデートすることが阻止されることがあるが，こうした親側の禁止行為に対し，「伝統文化は尊重すべきだという理由から，多文化主義者とされる多数の人びとから声高な賛同の意が寄せられる。」[34] イギリスで，自国を「共同体の連合」とみなす見方からは，公費補助の宗教学校を，イスラム教，ヒンドゥー教，シク教等と拡充する動きがでているが，これは，移民家庭の子どもたちにあらかじめどれか1つのアイデンティティの枠をはめ，その他のいろいろな潜在能力を開発する機会を奪ってしまう[35]。

　多文化主義からは，他所の文化のことを善い悪いと判断できないという言い方がされるが，「女性の不平等な社会的地位を維持したり，姦通罪で訴えられた女性を四肢切断から石打ちまで，さまざまな慣習的刑罰に処したりするなど，特定の習慣や伝統を守るためにも，そのような方法が利用される。」[36]

　非西洋世界では，旧植民地支配や超大国への反発のあまり，「西洋とは異なる」という観点から自己のアイデンティティを定義し，自由や権利のような価

値を「西洋的なもの」とみなして排する傾向がある。アジアでもアフリカでも，そうした立場から，「文明ごとの価値観の多様性を認めろ」と言うもの言いで，権力者側が非民主的な強権支配を世界に向けて正当化している[37]。

そして，コソボやボスニアでもルワンダでもティモール，スーダンでも，アイデンティティの共有意識が扇動されることで，人々がやすやすと別集団に憎悪を向けて，おびただしい殺戮が行われた[38]——このように言う。

そうなのだ。先進諸国で90年代に影響力を持った，リベラリズム的もの言いをするコミュニタリアンは，一方で自国多数派集団内部においては，リベラリズム的に慣習を相対視して集団アイデンティティを個人に解消することを求めておきながら，他方で自国内マイノリティ集団や外の発展途上国については，コミュニタリアン的な文化多様性の論点のもと，できあいの価値観を擁護し，その内部における個性の抑圧にも人権蹂躙にも寛容であるべきことを主張していた[39]。私見ではこのことが，多数派集団の多くの人々に，「ヨソ者を甘やかし，自分たちのアイデンティティばかりが損なわれている」との反発を引き起こし，その後の右翼隆盛をもたらしたことは間違いない。

## （2）アイデンティティの複数性が解決の鍵

ではどうすればよいのか。センが提唱しているのは，「アイデンティティの複数性」である。われわれはみな，1つの共同体にだけ属しているのではない。「国籍，居住地，出身地，性別，階級，政治信条，職業，雇用状況，食習慣，好きなスポーツ，好きな音楽，社会活動などを通じて，われわれは多様な集団に属している。」[40] それゆえ各自は，リベラリズムが想定して批判を受けたのっぺらぼうの抽象的個人ではないにしても，自分をとりまく多様な人間関係のなかで形成されている。1つの共同体のなかの人々も，めいめいが互いに異なる人間関係を持っていて，均質な文化価値観で塗りつぶされるわけではない。

それゆえ，各自はみな，自分をとりまくたくさんの人間関係からさまざまな価値観を吟味して，アイデンティティを選択できる。その自由を制約してはならない[41]——センはこのように言う。

参加型コミュニティ路線は，その鬼子としての排外主義の隆盛を前に仕切り直しを余儀なくされている。しかし私見では，NPOや協同組合などによる草の根からの市民の主体的な事業を広げるというその方向自体を変える必要はない。むしろ，介護，医療，子育て，食物，まちのにぎわい興し，住居，教育，文化，スポーツ，観光，レクリエーション等々，さまざまな分野について，数多くの市民事業が豊かにあって，地域の人々が各自異なったパターンでそれらの活動に参加していることで「アイデンティティの複数性」を形成することが問題解決の鍵となるのではないか。特に同種の領域で，複数の事業からの選択ができ，必要ならば新しい事業を興すことも難しくない環境を作ることが，個人の自立性のためには重要である。企業組織や各種労働組合などのある職場と，居住地などとのコミュニティの多重帰属も活かしていくべき条件である。

　この場合，各自の属するコミュニティは，すべての個人ごとに各自の選択の結果として多かれ少なかれ異なることになる。したがって，自己決定で選択したがゆえにその裏に責任が発生するという，自由主義的な責任概念になり，コミュニタリアニズムではなく，リベラリズムないしリバタリアニズムの原理のもとに，コミュニティからの変革路線を位置づけ直すことができるのである。

　こうした市民事業のなかには，もちろん，生協の国際産直やフェアトレード，国際協力NGO，グローバルな社会的責任投資ファンドなどの，国境を超えたつながりが含まれ，それらが一層拡大していくことが期待される。各自のコミュニティでのつながりに，このようなグローバルなネットワークが含まれていくならば，コミュニティ路線がもたらしかねない閉鎖性から，個人を開放する効果的な契機になるだろう。

## 6．普遍を求めることが公正にできるために

　さて，今や1人1人の属するコミュニティがみな，多かれ少なかれ互いに異なるならば，コミュニタリアンのように，「共通善」がコミュニティごとに異なっていてよいとするわけにはいかない。何が「善き生き様」かは，多様な人

間関係のなかで普遍的に認められることによって確証されていくほかはない。その際には，互いに公正に提案と対話がなされるような作風が必要である。

　その作風とは結局，「人権」や「個人の尊厳」などの基本的価値や，アメリカ建国の公共道徳に見られる作風にほかならないように見える。しかし，これらは欧米だけに特殊な価値観ではない。共同体を超えた，流動的な人間関係を規律するときに，どの国でもどの時代でも必要となる原則なのである。先述のように江戸時代の日本の場合には「商人道」がそれにあたった。

　こうした作風は，旧来のリベラリストのように価値中立をよそおうのではなく，各自の倫理観として自覚的に内面化されるよう提唱することも重要であるが，他方では，NPOや協同組合などがこれに則り，公正で開放的に事業展開するための客観的仕組みも必要である。例えば，市民事業にかかわる紛争を調停するためのNPOや組織民主主義の公正さを認定するNPO——必要ならば，組織内選挙を請け負って，ウェブなどで公正な討論の場を提供し，投票開票まで行うなど——を，国際規模や地域規模で作る必要があるのではないか。

　それで調停できないときには，最終的には訴訟になることについて，後ろ向きであってはならないだろう。実際，非営利組織や協同組合の少なからぬ紛争が，裁判闘争によって良い方向に解決してきた。やはり，国際レベルから国政，地方行政まで，コミュニティからの変革路線が公正で開放的であるために，公権力が果たすべき役割はある[42]。本シリーズ「戦略編」で筆者は，市民事業をとりまくアクターに営利企業と共同体と政治機関があるという話をしたが，われわれは「コミュニティ・ビジネス編」で営利企業や市場との関係を，本編において共同体との関係を考察した。しかし，残る政治・公権力との関係については，これまで比較的言及が乏しかったと言えよう。これについて考察することを筆者の今後の課題としたい。

[注]

（1）水島（2012），pp. 42-43。
（2）水島（2012），pp. 191-199。
（3）水島（2012），pp. 200-210。
（4）水島（2012），p. 202。
（5）いろいろなところで言っているが，例えば宮本（2006）。
（6）宮本（2004），pp. 61-62。
（7）西川・松尾・伊佐編（2001）第8章，西川・伊佐・松尾編（2005）第8章，松尾・西川・伊佐編（2005）第1章。
（8）松尾匡「長浜・湯布院のまちづくりの転換〈シンポジウム収録〉」（松尾・西川・伊佐編（2005），pp. 1-18）。
（9）松尾匡「アソシエーション的発展と脱アソシエーション的変質——既存三社会システムとの関連の中で」（松尾・西川・伊佐編（2005），pp. 193-219）。
（10）松尾匡「市民事業の経済倫理としての商人道」（伊佐・松尾・西川編（2007）第9章）。
（11）詳しくは，松尾（2009）で展開した。
（12）藤田（2000），pp. 159-161。
（13）碓井（2012），pp. 143-145。
（14）Etzioni, ed. (1995).
（15）Etzioni, A., "Old Chestnuts and New Spurs", *ibid.*, pp. 16-34.
（16）Spragens, Jr., T. A., "Communitarian Liberalism", *ibid.*, pp. 37-51.
（17）Waltzer, M. "The Communitarian Critique of Liberalism", *ibid.*, pp. 52-70.
（18）坂口（2007），pp. 45-46。
（19）坂口（2007），p. 48。
（20）藤田（2000），p. 159。
（21）坂口（2007），pp. 55-57。
（22）ただし，左派コミュニタリアンとして知られたウォルツァーは，アフガニスタン攻撃に賛成した。碓井（2012），p. 48, 146。
（23）坂口（2007），pp. 58-59。
（24）Etzioni, ed. (1995), pp. 57-61.
（25）水島（2012），p. 150. pp. 148-149 も注目のこと。

(26) Etzioni, ed. (1995), p. 20.
(27) サンデル（2010），pp. 290-291。サンデルは，リベラル対コミュニタリアン論争のコミュニタリアン側の主要論客だった。Etzioni, ed.（1995）の担当章でも，さすがにリベラリズムへの妥協が感じられない。
(28) 日本におけるコミュニティ論の古典，園田（1978）では，「コミュニティ・ディベロップメント」（本シリーズでの「まちづくり」の英訳にあたる）という概念が日本に紹介されて間もない段階ですでに，コミュニティ内部の権力関係や，利害対立の無視・隠蔽，異質者異端視，真のニーズの不可視化の問題や，これらの問題を自覚した介入者の啓蒙主義的目線の問題，開放化による連帯の消失，行政による美化と意識問題の解消，保守政治の側からの体制奉仕や伝統秩序維持機能への思惑等々の問題点を指摘していて，今読んでも基本文献として通用する。
(29) 宮本（2004）。
(30) 宮本（2004），p. 58。
(31) 宮本（2004），pp. 61-62。
(32) 宮本（2004），p. 62。畑山敏夫の分析であり，「差異論的人種主義」という概念はP-A・タギエフのものである。
(33) セン（2011），p. 163。
(34) セン（2011），p. 218。
(35) セン（2011），p. 165, p. 222。
(36) セン（2011），p. 58。
(37) セン（2011），pp. 124-141。
(38) セン（2011），p. 7。
(39) 日本におけるこのような傾向を，筆者は「市民派リベラル」と呼んで批判してきた。http://matsuo-tadasu.ptu.jp/essay_71225.html
(40) セン（2011），p. 20。
(41) セン（2011），特に pp. 45-65 など。
(42) 人権や取引ルール，公正な組織ガバナンスのルールなどのほかに，経済安定システムや再分配システム，貿易システムなどがどうあるべきか検討されなければならない。例えば，ベーシックインカムをどう評価するか等。新川（2004）は，ポール・ハーストら協同主義（アソシエーショニズム）に対する批判――宗教などの伝統的共同体の侵入を排除し得ないために結果として閉鎖性・排外性を持つ可能性があるとするV. バーダーの批判や，過疎地域では協同団体に競合が起こらないために選択

の自由がなくなるとする批判——に対応するためには，公権力の介入と責任が究極には必要であると指摘している。

## ［参考文献］

Etzioni, Amitai ed., *New Communitarian Thinking: Persons, Virtues, Institutions, and Communities*, The University Press of Virginia, 1995.

伊佐　淳・松尾　匡・西川芳昭編『市民参加のまちづくり［コミュニティ・ビジネス編］——地域の自立と持続可能性』創成社，2007年。

碓井敏正『革新の再生のために——成熟社会再論』文理閣，2012年。

坂口　緑「コミュニタリアニズムの政策論——エッチオーニとガルストン」，有賀　誠・伊藤恭彦・松井　暁編『ポスト・リベラリズムの対抗軸』ナカニシヤ出版，第3章，2007年。

サンデル，マイケル『これからの「正義」の話をしよう——今を生き延びるための哲学』鬼澤　忍訳，早川書房，2010年。

セン，アマルティア『アイデンティティと暴力——運命は幻想である』大門毅監訳，東郷えりか訳，勁草書房，2011年。

園田恭一『現代コミュニティ論』東京大学出版会，1978年。

新川敏光「福祉国家の危機と再編——新たな社会的連帯の可能性を求めて」，斉藤純一編『福祉国家／社会的連帯の理由』ミネルヴァ書房，第1章，2004年。

西川芳昭・伊佐　淳・松尾　匡編『市民参加のまちづくり［事例編］——NPO・市民・自治体の取り組みから』創成社，2005年。

西川・松尾・伊佐編『市民参加のまちづくり——NPO・市民・自治体の取り組みから』創成社，2001年。

藤田暁男「新しい社会システムの理論的構図を求めて——コミュニティと非営利・協同組織」，『金沢大学経済学部論集』第20巻第1号，2000年。

松尾　匡・西川芳昭・伊佐　淳編『市民参加のまちづくり［戦略編］——参加とリーダーシップ・自立とパートナーシップ』創成社，2005年。

松尾　匡『商人道ノスヽメ』藤原書店，2009年。

水島治郎『反転する福祉国家——オランダモデルの光と影』岩波書店，2012年。

宮本太郎「新しい右翼と福祉ショービニズム——反社会的連帯の理由」，斉藤純一編『福祉国家／社会的連帯の理由』ミネルヴァ書房，第2章，2004年。

宮本太郎「新しい福祉国家のガバナンス——新しい政治対抗」，『思想』2006年3月号。

# 第 2 章

# 参加型開発で組織された住民組織が機能不全に陥るのはなぜか
―フィリピンを事例に―

葉山アツコ
[久留米大学経済学部]

## 1．はじめに

　発展途上国の貧困削減などさまざまな開発事業の計画立案や実行に受益者である住民の積極的参加が求められるようになって久しい。受益者である住民が参画して行う開発は「コミュニティ主導の開発」と呼ばれる[1]。本稿が対象とするフィリピンに関してコミュニティという言葉で検索すると、たとえばコミュニティ防災、コミュニティエコツーリズム、コミュニティ資源管理などコミュニティを冠した多くの事業名が出てくる。

　コミュニティとはある一定の地理的範囲およびそこに住む人々を指すことが多い。多くの場合、それは行政村などの地方行政体とその構成員である住民である。開発事業における住民参加が想定する住民とは、個人ではなく住民の集団である。それは経済力、資源動員力、対外交渉力の弱い個人が集団となることでそれらを持つことができるからである。開発事業の受益者となる住民の集団は単なる個人の集合体ではなく組織化されていることが重要とされる。組織化された住民、すなわち住民組織がコミュニティと言い換えられることも多い。この場合のコミュニティは単なる地理的範囲の居住者ではなく人々の共同性が含意される。受益住民が組織化される必要性は、組織を利用して外部資源を効

率的に構成員に分配できると期待されているからである。さらに，開発事業実施側にとっては，実施者が住民1人1人と交渉するとなると膨大なコストがかかるが，組織化された住民集団であれば交渉コストを大幅に削減できる。したがって，住民組織化は開発事業実施における重要な社会開発過程であるとされる。

　アジア諸国のNGOの連合組織であるANGOCは，外部機関の組織者（コミュニティ・オーガナイザー，開発ワーカーなどと呼ばれる）による住民組織化の10のステップを示している[2]。第1は，対象とするコミュニティの生活にどっぷりとつかる段階。第2は，コミュニティ内の社会構造，権力関係および短期的・長期的問題を体系的に分析する段階。第3は，重要度，緊急度に基づいてコミュニティの諸問題を明確化し，優先順序を決める段階。第4は，組織者が見出したリーダーを中心とする核組織を形成する段階。第5は，住民を集めて問題解決のための行動を呼びかける段階。第6は，住民に対外交渉力を訓練する段階。第7は，住民を組織化する段階。第8は，それまでの活動を振り返り，改善策を考える段階。第9は，組織としての形式を整える段階。そして，第10は，住民組織が自立基準に達したことを見極めたうえで組織者がコミュニティから撤退する段階となっている。

　外部機関によって組織された住民組織はリーダーをトップとする機能集団，すなわち特定目的を遂行するための組織である。住民組織の事務所を訪ねると壁に組織図を見ることができる。しかし，開発事業終了・支援撤退とともに住民組織が機能不全に陥ることが多い。なぜ開発事業において機能集団として組織された住民組織が事業実施者の撤退とともに機能不全に陥るのであろうか。

　重冨は，参加型開発の代表的推進者であり理論的支柱であるコーテン[3]やチェンバース[4]らをあげて，彼らの視点が参加型開発の企画者・実施者の能力向上にあり，参加の主体であるべき住民にはないと指摘する[5]。上記の外部機関による住民組織化のための10のステップのうち，地域社会の把握に関するものは第2ステップであるが，重冨が指摘するようにここには住民自身が自ら特定した問題を解決するためにどのように自己組織化するのか，すなわち地域社

会はいかなる組織力―「問題解決過程と資源供給力を担う能力」[6]―を持っているのかを探るという視点はない[7]。さらに重冨は地域社会によって住民の自己組織化の形成過程や形態が異なるがゆえに，外部者に求められる視点は，住民をいかに組織化するかではなく，地域社会の自己組織化のメカニズムを明らかにすることであると議論する[8]。では，本稿が対象とするフィリピン農山村社会はどのような自己組織力を持っているのだろうか。また，地域社会の自己組織力と開発事業のために組織された住民組織の機能不全化はどう関係するのであろうか。本稿の目的は，フィリピン農山村を事例に，住民自らが組織する住民組織の特徴および開発事業実施者によって組織された住民組織の機能不全化の原因を考察することである。都市ではなく農山村を対象とするのは，多くの住民の主たる生業が農業である農山村は貧困の割合が都市よりも高いからである。

## 2．地域社会によって異なる組織力―日本とフィリピン

ここではまず，政府主導で農村に形成された住民組織の典型である農村協同組合の発展に地域社会による違いがあること，そしてその違いが歴史的に形成された村落の性質に起因することを，日本とフィリピンでみていく。

斉藤は，戦前，産業組合と呼ばれていた日本の農村協同組合が，1930年代から戦時にかけてほぼ全農村，全農民の信用流通過程を組織するに至った背景に，国家による手厚い保護と干渉という外生的要因のみならず村落が持っていた自治的統制機構としての特質を指摘する[9]。すなわち，日本の近現代の村落は，個別経営を営む独立小農によって構成されてはいるが，村落として対外的な交渉機能を持ち，同時に構成員である独立小農をその個々の意思を超えて拘束する一定の上部構造を備えた社会であった。封建制下で形成された，権力に対抗し，同時に妥協，従属する面を持ち合わせる自治村落は封建制が崩れた後も小農を小農として維持する組織として存続した。だからこそ，村落の構成員である小農―経営は不安定で低所得の人々―に対して勤倹貯蓄の行動パタンを

社会倫理として強く要請し，相互扶助と相互信頼の関係を構成員すべてに広げることが可能であった。

　フィリピンでは，マルコス政権が1973年から86年にかけて最小行政単位であるバランガイ（村落に相当）を単位とした農村組合（サマハン・ナヨン）組織化運動を全国で展開したが定着させることはできなかった。サマハン・ナヨン計画は，自作農創設事業の受益者である小作農の組織化をめざしたものであり，受益者になるための条件として農村組合への参加が義務づけられた。小作農が自作農になるためには，年利6％で土地銀行から融資を受け，15年間でそれを償還する（地主には耕作する土地価格の10％が現金で，90％が土地銀行債権で支払われる）。土地銀行への年賦償還が滞った場合は農村組合が小作農（正確には償還農民）の肩代わりをし，農地の差し押さえができるとされた[10]。償還農民の責任を担保する農村組合が組織された背景として，フィリピン地域社会にある相互扶助関係（バヤニハン，家普請や農作業などにおける助け合い）の存在があった[11]。農村組合は，複数の農村組合を合併して，すなわちバランガイの範囲を越えて農村協同組合として発展するまでの準備段階の組織として，組合員が毎年強制貯蓄をし，組織の規律遵守を学ぶ場としても位置づけられた。1975年末までに14,000以上の農村組合，10万人近い組合員数を数えたが，その実態は，組織されただけのものがほとんどであった[12]。償還農民の農村組合加入は2割に満たなかったうえ，上記の償還メカニズムも機能しなかった[13]。

　フィリピンで，現在，活動している協同組合は全国に約2万ある。これは登録している全協同組合の3割にすぎず，7割は活動停止に陥っている[14]。協同組合を定着，維持させていくことの困難さを示す数値である。活動中の協同組合の75％は小規模組織である。2012年8月時点の協同組合開発庁の資料に基づき農村協同組合の平均組合員数を求めると76名である。サマハン・ナヨン計画時代よりは組合規模は大きいが日本のようにほとんどすべての農民が属するという組織ではない。このように国による農村協同組合の設立，定着の違いは，斉藤が議論するように，日本の自治村落のように個々の構成員を規制する上部構造を備えた社会とフィリピンの村落のように村落が単に生産と生活の共

同関係，相互扶助関係にとどまる社会との相違を示すものである[15]。このような相違は村落がたどった歴史に起因する。

　ここで，フィリピンの歴史を村落自治の視点からみてみよう。16世紀半ばにスペインによって植民地化される以前は，バランガイという自然発生的な住民のまとまりがルソン島，セブ島各地に散らばっていたとされる。バランガイとはもともとフィリピン諸島に渡来したマレー系の人々が乗っていた小舟を意味し，次第に親族関係を中心にした小規模地縁集団を意味するようになった。バランガイは首長（ダトゥ）のもとで自給農業に従事し，バランガイ同士の交易はほとんどなかった。スペインは住民統治の方法として各地に散在していたバランガイを集め，500戸ほどをスペイン語で町を意味するプエブロという単位とした。プエブロを構成するバランガイとその首長の名称であるダトゥはそれぞれスペイン語のバリオとカベサに改められた。世襲から任命に代わったカベサは植民地行政の末端を担う存在となり，バリオからの徴税や強制労働の監督を行った[16]。スペインによって形成された中央集権的地方行政形態は，1946年のアメリカからの独立後も維持された。長い植民地時代のなかで，バリオは単なる行政区画でしかなく住民自治の経験を持つことはなかった。

　独立後は村落自治体制が制度化されていった。1955年，バリオ長，副バリオ長，評議委員を公選とし，彼らによって構成され，決議権を備えたバリオ評議会が設置された。それ以前は，バリオの上位行政体であるミュニシパリティ（スペイン統治下のプエブロ）の各町議員が補佐役として無給のバリオ長を任命していた。1960年にバリオ憲章を定め，バリオは準自治法人とされた。制限つきではあるがバリオに課税権が与えられた。15歳以上のバリオ住民はバリオ集会に招集され，バリオの運営方針や投票などが行われるようになった。1963年にはバリオ強化のために，バリオ長をそれまでのバリオ・ルーテナント（町議員の補佐役という意味）からバリオ・キャプテンという名称に改称した。このようにバリオ自治のための制度整備がなされたが，バリオ条例制定にはミュニシパリティによる承認が必要とされ，バリオの会計処理はミュニシパリティの会計を通して行うなど依然としてミュニシパリティの指揮下にあった。バリオ

の財政基盤も脆弱であった[17]。

マルコス政権 (1967-1986) は, バリオの自立性を高めた。現在まで継承されている上位行政体の補完業務, 条例制定などの行政的, 立法的役割に加えて, 司法機能が付与された[18]。一方で, マルコスは全国のバリオと直接の個人的関係を築くことで権力が自らに集中する体制を作りあげた。1969年, 大統領権限によって, 地域開発予算のバリオへの直接交付を決めた。1974年, マルコスは, スペイン植民地時代以前の村落自治の復活であるとして, バリオをバランガイへと改称した。バランガイの財政基盤強化のために, 国税の一定割合がバランガイへ割り当てられ, バランガイ開発基金が設立された。このようにバランガイ財政は増大したが, その支出はマルコスの裁量で決められた。地域開発のための村落自治とはほど遠く, バランガイは大統領の集票機構の末端組織であった[19]。

1986年に革命的方法で民主制へと転換したアキノ大統領は, 地方自治体の自立性を強化するために分権化を推進した。地方自治体の財源は外部財源と地方自主財源である。外部財源は, 主として日本の地方交付税交付金に相当する国内歳入配分金と補助金, 地方自主財源は, 主に租税と賃貸料・手数料・使用料である。1991年地方自治法により, 国内歳入の地方自治体への配分比率が引き上げられ, バランガイへの配分が増加した。バランガイが上位行政体の監督下にあることに変わりないが, 財政基盤は強化され, 権限が拡充された[20]。

以上の歴史からわかるように, 植民地化される以前の自然集落としてのバランガイと政府によって設置された現在のバランガイには連続性はない。制度的に自治権限が拡充されてきたが, 村落住民の自治経験の蓄積は少なく, 住民のまとまりは弱い。自治村落としての性格が弱いフィリピンの農山村社会において機能している住民組織の特徴はどのようなものなのだろうか。以下, 1つのバランガイを事例に具体的にみていこう。

## 3. 農山村社会で機能している住民組織の特徴

### (1) 国有林地内の移住民村―エル・サルバドル村

　事例にあげるバランガイはフィリピン列島南端に位置するミンダナオ島，北ダバオ州ニューコレリア町のバランガイ・エル・サルバドル（以下エル・サルバドル村）である[21]。フィリピンの土地区分は，「譲渡可能地」と「森林地」に分かれる。地形的には前者が低地の平坦地，後者が丘陵地・山地・高地の平坦地，土地所有権の観点からは前者が私有地，後者が国有地である。全国土面積に占める割合はほぼ半分である。森林地という土地区分であるが，必ずしも森林で覆われているわけではない。国有林地には全人口の約3分の1が住んでいると推定される[22]。国有林地内の村落には2つのタイプがある。1つは，国家による土地区分がなされるはるか以前からその地で生活してきたいわゆる先住民と呼ばれる人々の村落である。ルソン島北部の棚田地帯の村落がその典型である。もう1つは，戦後，大規模に展開した商業伐採跡地に移住してきた人々の村落である。エル・サルバドル村は後者である。人口規模は後者が圧倒的に多い。どちらのタイプにおいても，国有林地に生活する彼らが保有する土地は法的権利を有する私有地ではなく，政府から利用権を認められた土地でしかない。

　1950年代半ば，森林に覆われていた北ダバオ州の広大な山地の長期伐採権を獲得した木材会社が操業を開始した。林道が作られ，大径木（市場は日本であった）が伐り除かれた伐採跡地は，土地を求める人々には格好の空間であった。国有林地管理主体である木材会社は，伐採跡地に移り住み開墾を始めた人々に対して概ね寛大であった。伐採地の奥地化に伴って林道が延びると，移住開拓民数も増加した。1965年に，現在のエル・サルバドル村を構成する6つの集落を含む一帯が，バランガイ（当時はバリオ）となりエル・サルバドルの名前が与えられた。6つの集落のうちの1つは，かつて木材会社の管理事務所と社員および伐採労働者の住宅があったところで，彼らのために建設された教会

は現在も存在する。他の5つの集落は，移住開拓民が形成したものである。初期の開拓民は協力して自分たちのために木造の教会と小学校を建設し，町役場に教師派遣を要請した。1980年代初め，木材会社の管理事務所が共産党ゲリラの襲撃を受け，伐採活動は強制終了に追い込まれた。伐採労働者の多くは，他地域での商業伐採地へと移ったが，エル・サルバドル村に定住した人たちもいた。

2007年3月時点のエル・サルバドル村の世帯数は240世帯（うち聞き取りをした世帯数233，人口1,052）で，平均的人口規模のバランガイである。伐採跡地に形成された集落の特徴は，多くの住民が血縁関係にあることである。これは最初の移住開拓民が出身地の親兄弟や親類の移住を呼び込むからである。移住民の出身地はミンダナオ島の北東部に位置するボホール島（ボホール州）が最も多く（移住民世帯主の約30%），ついでミンダナオ島南ダバオ州（同約14%）である。子どもが結婚すると親世帯（夫方，妻方が同程度）の近くに住む。血縁および婚姻関係によって結ばれた集団を親族とすると，聞き取りを行った233世帯のうち168世帯（72%）が同じ親族集団に属している。

フィリピンの農山村のバランガイはプロックと呼ばれる地区に分割されている。エル・サルバドル村は6つの集落に基づいて6つのプロックに分かれ，プロック1からプロック6までの名前がついている。低地農村のバランガイは，家屋が道路に沿って列状に並ぶ路村形状が多く，隣接するプロックの区切りのみならず隣接するバランガイの区切りは標識がなければわかりづらい。一方で，山村のバランガイは家屋が塊状に存在する集落が複数分布し，集落は互いに離れて立地していることが多い。エル・サルバドル村プロック1には62世帯，プロック2（村の中心であるプロック1から徒歩約1時間の距離）には16世帯，プロック3（同1.5時間）には28世帯，プロック4（同2時間）には24世帯，プロック5（同0.5時間）には44世帯，プロック6（同0.5時間）には59世帯が暮らしている。上述したようにほとんどの住民は血縁および姻戚関係にある。集落の住民はお互いに顔見知り関係にあり，他集落の住民ともほとんどは顔見知りである。

## （2）自生的な目的達成型住民組織の特徴

　重冨は，農村の住民組織を生成と機能の2つの基準に基づいて以下のように分類している。組織の生成には，住民自らが組織した自生的住民組織と外部機関（政府やNGOなど）が住民を組織した外生的住民組織の2つがある。組織の機能には，何らかの特定目的を達成するための住民組織と構成員の社会関係を維持・調整するための住民組織の2つがある。自生的な目的達成型住民組織は，たとえばゆい（農作業のための労働交換組織），講（金を融通しあう互助組織），趣味の会などである。自生的な関係調整型住民組織は親族集団や村落共同体である。外生的な目的達成型住民組織は，外部機関によって組織された，たとえば前述した農業協同組合や後述する小規模金融組織，森林組合などである。外生的な関係調整型住民組織は，住民統治のための地方行政体である。本稿の場合，これはバランガイである。目的達成型住民組織は，目的が達成されれば解消されるが，関係調整型住民組織は構成員の社会関係を維持していくために必要に応じて対応（たとえば，もめごとの解消を親族間で，あるいはバランガイの司法制度に則って行う）する[23]。

　住民同士のほとんどが血縁，姻戚関係にある場合，バランガイの住民全体を動員する目的達成型住民組織があるのではないだろうか。この仮説をもとに行ったフィールドワークで，以下の3つの自生的な目的達成型住民組織を確認した。組織の規模，構成員の居住地，資源（特に資金）の管理方法に注目してみていこう。

### ① 葬式のための互助基金組織（ダヨン）

　葬式のための互助基金組織ダヨンは，エル・サルバドル村に定着した自生的な目的達成型住民組織のなかで一番古い。ダヨンとはセブアノ語（住民の母語）で「1人の肩で2人以上を支える」という意味である。町に近い低地農村の葬儀の場合，遺族は町の葬儀屋に頼むが，エル・サルバドル村では弔問客への食事の用意から棺の用意，村の共同墓地での墓穴掘り，埋葬までを自分たちで執り行う。ダヨンは，ボホール島から移住してきた初期の移住民が1960年代初

頭に出身地の慣習として紹介して以来，エル・サルバドル村に定着した。ダヨン加入は世帯単位である。加入時に 100 ペソ（同村の農業労働者の日当は 150 ペソ）が徴収される。全加入世帯から徴収した金額は，会計係によってプールされ，加入世帯の家族が亡くなった時に全額が遺族に渡される。葬儀前に，全加入世帯は先の 100 ペソとは別に 100 ペソ相当の物品（コメ，缶詰，薪，スナック類など）が徴収され，これらすべても遺族に渡される。さらに，ダヨン加入世帯は何らかの役割（村人全員への通知，食料買い出し，調理，薪割り，棺づくり，墓穴掘り）が割り当てられており，欠席は罰金の対象になる。葬式終了後，全加入世帯は徴収金（100 ペソ）支払いのために招集される。ここで徴収された全額は再び次の葬式のために会計係にプールされる。葬式後招集される集会に 2 回連続無断欠席すると罰金の対象あるいは除籍となる。ダヨンへの加入，退会，再加入は自由である。ただし，加入時期は葬式終了後に招集される集会時のみである。死期の近い家族のいる世帯の加入は認められない。退会後あるいは未払のままに家族に死者が出た場合，ダヨンのサービスを受けることはできない。

　2008 年 3 月時点でエル・サルバドル村に 4 つのダヨンがある。プロック 1，プロック 2，プロック 6 に住む 54 世帯，プロック 3 に住む 23 世帯，プロック 4 に住む 25 世帯，そしてプロック 5 に住む 17 世帯がそれぞれダヨンを構成している。

② 結婚披露宴のための互助基金組織（ガラ）

　結婚披露宴の費用調達のための互助基金組織ガラは，独身の息子がいる住民の 1 人が 10 年前に紹介して以来，エル・サルバドル村に定着した。ガラとはセブアノ語で「陽気な祭り」を意味する。フィリピンでは披露宴の費用は花婿側が負担する。したがって，ガラの加入世帯は息子のいる世帯のみである。ダヨンは途中退会，再加入は自由であったが，ガラは結成時点で構成員が固定される。2008 年 3 月時点で，エル・サルバドル村には 2 つのガラが存在していた。1 つは，ガラを紹介した住民がリーダーを務める加入世帯数 20 のガラで，プロック 3 以外のプロックの住民が構成員である。このガラにならって，プロ

ック3の15世帯が彼らのガラを結成した。加入世帯の息子の結婚が決まると,全加入世帯から1,000ペソが徴収される。20世帯のガラでは20,000ペソ（結婚する息子のいる世帯分も含める），15世帯のガラでは16,000ペソ（1世帯は息子2人分加入）が当該世帯に全額渡される。別の加入世帯の息子の結婚が決まると同じように全加入世帯より同額が徴収され，全額がこの世帯に渡される。ガラは全加入世帯の息子が結婚するまで続けられる。息子が生涯独身の場合，あるいは死亡した場合は，当該世帯の家族が全額受け取るか，別の息子のために利用することができるというのがガラのルールである。エル・サルバドル村を離れてもガラの構成員であり続ける。ダヨン同様に，加入世帯には披露宴のための食料買い出し，薪割り，調理など役割が割り当てられており，欠席は罰金の対象になる。

### ③ 祝祭日のための資金調達住民組織（ソーシオ）

ソーシオは，祝祭日のための資金調達住民組織である。ソーシオとは事業への参加，投資という意味である。1990年代半ば，他の地域でソーシオに出会った住民によって紹介され，エル・サルバドル村に定着した。資金調達の目的は，フィリピンにおいて重要な祝祭日であるバランガイの守護聖人の祝祭（フィエスタ），クリスマス，新年での食費の確保である。いずれの祝祭日もご馳走を用意し，家族や来客に振る舞うのが習慣である。エル・サルバドル村では水牛一頭あるいは豚一頭を解体し調理したものを訪問客とともに食べることが最高のご馳走とされる。

ソーシオは1年後の祝祭日のために結成され，期間は1年のみである。たとえば，クリスマスのためのソーシオは，ソーシオ・クリスマスと呼ばれ，1年前の12月に始まる。ソーシオは，購入目的の食材名で呼ばれることもある。たとえば，米を購入する目的のソーシオはソーシオ・ビガス（ビガスは米），水牛を購入する目的のソーシオはソーシオ・カラバオ（カラバオは水牛）である。発起人が仲間を募り，たとえばソーシオ・クリスマスを結成する。ソーシオは構成員全員が同額の出資金を出し，それをすべて貸し出し増やすという方法を

とる。出資額は1人当たり500ペソが多い。出資金をソーシオ構成員に対しては月10%の利子（単利）で，非構成員に対しては月15%（同）で融資する。出資金は全額貸し出される。非構成員への融資には構成員が連帯保証人になる。たとえば，1,000ペソを非構成員に融資すると1年後の返済金は2,800ペソになっている。購入した豚，水牛，米などは構成員間で平等に分けられる。村には借金を必要としている人が数多くいるため，融資先に困ることはない。ただし，返済不履行が起こればソーシオは失敗する。

2008年3月時点でエル・サルバドル村には12のソーシオが存在し，67世帯（延べ150名）が参加していた。最も大きなソーシオは構成員数42名，最も小さなソーシオは構成員数3名で平均構成員数は11.7名である。構成員数の多いソーシオは近縁の血縁者（ほとんどが親子や兄弟）と夫婦で構成されている。ソーシオ構成員の居住地は，同一ブロックが多い。構成員数42名のソーシオに参加する23世帯のうち20世帯はブロック4の住民，構成員数23名のソーシオに参加する12世帯は全員がブロック6の住民である。

## （3）自生的な目的達成型住民組織の特徴

上記3つの自生的な目的達成型住民組織はエル・サルバドル村に定着して久しい。地域社会の組織力の特徴として以下の2つの共通点が指摘できる。

第1に，すべて二者関係で結ばれた小規模組織である。いずれもブロック，すなわち集落を基盤にした血縁・地縁集団である。バランガイの住民同士のほとんどが同一親族に属し，ほぼ全員が顔見知りであってもバランガイ全体の住民を動員する組織は存在しない。これはフィリピン農山村社会に二者関係以外に住民を動員する社会システムが存在しないことを意味する。上記3つの機能集団の存続を可能にしているものは，個人の社会関係に基づいた信用担保と信用が裏切られたときの制裁である。ソーシオとガラは，発起人が信用する人物のみに加入を許可するという会員制組織という性格が強い。ガラの発起人は，彼が信用する人を1人1人訪ねて加入を誘った。このような会員制組織は，発起人を中心にした個人的信用関係（二者関係）で成り立っている。ソーシオに

おいて発起人の信用を裏切る行為，すなわち返済不履行，あるいは連帯保証人になった非構成員の返済不履行での責任放棄が発生した場合，発起人は二度と彼/彼女をソーシオに誘わない。一旦信用を失えば，他のソーシオに参加する機会を失うこともある。山村では集落間が離れているため，他集落の住民との日常的接触は頻繁でない。お互いに顔見知りであっても，信用調査は十分にはできない。このような環境において，二者関係の広がりは自ずと小規模になる。

　第2に，機能する目的達成型住民組織は短期資源プール型である。ダヨンでは，加入世帯から徴収した資金が組織にプールされる期間は次の葬式までである。加入世帯に死者が出るとすべてのプールされていた資金を当該世帯に渡すため，その時点で組織がプールする資金はゼロになる。葬式後に再び徴収された資金のプール期間は次の葬式までである。ガラでは，加入世帯の息子の結婚式が決まった時点で出資金を徴収し，即全額を当該世帯に渡すため，組織がプールする資金はたえずゼロである。ソーシオは1年間のみの組織であり，構成員の出資金を全額貸し出すため組織がプールする資金はたえずゼロである。組織が資源を長期間プールするとなるとそのための管理コストが生じ，さらに資源管理者の逸脱行為（着服など）の可能性が高まる。すなわち，目的達成型住民組織の資源プール期間を短期にすることは，管理コストを減らし，逸脱行為の発生を抑えるという住民の工夫である。と同時に，これは住民の行為を短期間でしか制御できないという地域社会の組織力の特徴を示すものでもある。

　以上のように，フィリピンの農山村地域社会で持続する目的達成型住民組織（機能集団）は，二者関係で信用が担保された小規模集団で，資源の管理コストを最小にする短期資源プール型の組織である。換言すれば，フィリピン農山村社会は，これらの特徴を有する住民組織を形成する能力を持つということである。これを踏まえて次に外部機関によって組織された住民組織をみてみよう。

## 4．外生的な目的達成型住民組織－機能不全化の原因

　フィリピンの他の農山村同様，エル・サルバドル村へも農業生産性や生計向上のために政府や NGO など外部機関による資金・技術援助がなされてきた。そのたび，たとえば養豚組合などの住民組織が形成されてきた。外部機関によって組織された数多くの目的達成型住民組織のなかで定着したものはグラミン銀行型の小規模金融組織である。

### （1）グラミン銀行型小規模金融組織
　エル・サルバドル村にあるグラミン銀行型小規模金融組織はすべて民間金融機関によって組織されたものである。グラミン銀行型とは個人への融資の返済に集団が共同責任を負うという方法である。
　2008年3月時点で，エル・サルバドル村には6つの女性対象の民間金融機関の貯蓄・貸付けサービスが存在し，延べ119名が利用していた。全世帯の37％がいずれかの金融機関のサービスを受けていた。6つの金融機関のうち1つは加入者に組織化を要求しないが，5つは加入者同士に組織形成と連帯責任を求めている。組織規模は少ない順に，4名，11名，12名，29名，33名である。29名と33名の加入者はそれぞれ2つの集団に分かれている。最も大きな連帯責任集団は17名である。
　組織形成過程において，バランガイはバイパスされた。金融機関担当者は，バランガイ長（村長）から身元照会状を発行してもらい，各ブロックで説明会を開くことを許可された。担当者は，関心を示す住民に対して，仲間を誘い連帯責任集団を組織することを求めた。その後，担当者は加入希望者の自宅を訪ね，彼らの資産を確認して加入可否を決定した。加入者には融資返済は集団の連帯責任であるという宣誓が要求された。加入者は週1回あるいは月2回，町（ブロック1から乗り合いモーターバイクで約20分の距離）にある金融機関での会合出席と毎回の返済が義務づけられている。

金融機関によって組織されたグラミン銀行型小規模金融組織は，二者関係に基づいて形成されている。タイ，フィリピン，インドネシアの小規模金融組織の形成過程を比較した重冨は，小規模なグラミン銀行型組織は村落あるいは集落単位で住民を動員できないフィリピンの地域社会の特徴を表すと言う[24]。
　一方で，先述した3つの自生的な目的達成型住民組織では住民の自己資金が使われるが，グラミン銀行型小規模金融組織では金融機関の資金が提供される。さらに，これは資金が長期間管理される長期資源プール型の住民組織である。自ずと資源管理のコストが発生し，組織参加者の逸脱行為の危険が高くなる。構成員の行為を統御するために，集団の連帯責任だけでなく，定期的に金融機関が彼らの行為を監視・統御する仕組みが作られている。すなわち，住民の行為を短期間でしか制御できない地域社会において，資源管理コストを長期負担する長期資源プール型住民組織の運営は難しい。長期資源プール型住民組織の運営を可能にする方法が，外部機関による資源管理コスト負担である。
　地域社会の組織力を考慮せずに組織された住民組織が，援助機関の支援終了とともに機能不全に陥るのは当然である。次に，数ある機能不全化した外生的な目的達成型住民組織の1つとして森林組合をみてみよう。

## （2）コミュニティ森林管理組織の機能不全化

　国有林地の森林資源管理は，フィリピンの森林政策のなかの重要課題である。国有林地内および近隣に居住する住民を森林資源管理主体とするコミュニティ森林管理事業が制度化されて20年近くが経った。
　森林管理のための住民組織（森林組合）は1つのバランガイ，あるいは複数のバランガイで一組織が形成される。国家が正式に認める森林組合となるためには，住民の組織化（＝協同組合化）と彼らによる長期資源利用計画書と5年ごとの事業計画書の作成が義務づけられる。国有林地の住民にとってこの事業に参加するインセンティブは，政府による土地利用権の承認と木材生産による収入確保である。森林組合による木材生産は，計画書に沿って持続的に行い，収益は森林保有者・森林組合と政府とで分収することになっている。コミュニ

ティ森林管理事業は，数多くの援助機関によって推進されてきた。

2012年12月時点で，正式に登録された森林組合は1,790ある。国有林地の実質的オープン・アクセス地の解消を目指す環境天然資源省（国有林地管轄官庁）にとって，コミュニティ森林管理地の面的拡大は成果である。しかし，実際に住民による持続的な森林資源管理が行われているところはほとんどないと考えてよい。援助機関によって資金・技術支援を受けた事業地では，支援終了とともに森林組合は機能不全に陥っている。

エル・サルバドル村の森林組合も同様である。1980年代末から90年代初頭にかけて，日本の援助機関による植林事業に参加した住民によって村の領域の約半分が植林（もっぱら早生樹種）された。2003年より森林組合に木材生産が認められた。事業計画書に沿って持続的に木材生産が行われるはずであったが，わずか5年ほどでほぼすべての植林木を伐り尽くしてしまっただけでなく，木材生産による収益のかなりの額が森林組合組合長によって横領されていた。

コミュニティ森林管理のための住民組織の機能不全化についてはさまざまな原因が指摘されてきた。たとえば，木材生産政策の一貫性の欠如，制度設計の問題，地方自治体および環境天然資源省からの資金的・技術的支援体制の不在，住民へ譲渡された諸権利の限界（所有権ではなく利用権のみ），住民の経営・管理能力の低さなどである。しかし，住民組織機能不全化の根本的な原因は，既往研究が指摘するこれらにあるのではなく地域社会の組織力を越えた組織形成が求められていることにある。コミュニティ森林管理は，バランガイを基本単位として住民を動員し，資源を長期間プールする制度である。フィリピンの農山村社会はそのような組織力を機能させる社会システムを有していない。

## 5．おわりに

本稿は，地域社会の組織力—住民が問題を自ら特定しその解決のために自らを組織し運営する能力—という視点から，フィリピンの農山村社会の組織力の特徴を明らかにし，さらに外部機関によって組織される住民組織の多くが支援

終了とともに機能不全化する原因を考察した。コミュニティ主導の開発事業では住民の組織化のために多くの資金と人材が投入されてきた。フィリピンにおいて日本の援助機関が支援したコミュニティ森林管理強化事業の活動領域の1つも住民の組織化支援であった。そこでの中心的課題は，住民をいかに組織するか，そのために組織者（NGOや地方自治体職員ら）はどう行動すべきかであった。同様の努力が数多くのコミュニティ主導の開発事業においてもなされているはずである。農山村での外部機関の支援の多くはバランガイあるいはバランガイを超えた領域（ミュニシパリティや流域）で行われる。開発事業において住民組織化が重要であることに異論はない。しかし，「住民組織化の内生メカニズム」[25]を探ることなく住民を組織化することの帰結が支援撤退後の住民組織の機能不全化なのである。

　村落で見られる住民間の生産と生活の共同関係，相互扶助関係と一定の地理的範囲（フィリピンの場合は，バランガイ）を意味するコミュニティという言葉が結びつくと，その地理的範囲における住民の共同性を想起させる。この想起される共同性に基づいて一定の地理的範囲の住民による組織運営を考えるのは，外部者が抱く幻想である。開発事業実施者の思考を停止させてしまうほどコミュニティという言葉は魅惑的である。本稿は，コミュニティに関する幻想を越えて，フィリピン農山村を事例に，開発事業実施者が傾注すべきはいかに住民組織を作るかではなく，いかに組織化のメカニズムを把握するかであることを示した。

　1つのバランガイの事例をフィリピン農山村の組織力として一般化できないという疑問は当然あるだろう。筆者は，ルソン島の低地農村においても地域社会の組織力を調査したが，住民を動員する社会システムに関する基本的な特徴は同じであった。ただし，機能している長期資源プール型の住民組織（貯金・融資組合）があることもわかった。長期資源プール型住民組織が機能するメカニズムに関しては稿を改めて議論したい。

**[注]**

（ 1 ）World Bank, "The Effectiveness of World Bank Support for Community-Based and -Driving Development : An OED Evaluation", World Bank, 2005, p. 1.
（ 2 ）Asian NGO Coalition for Agrarian Reform and Rural Development (ANGOC), "Ideas in Action for Land Rights Advocacy", Asian NGO Coalition for Agrarian Reform and Rural Development (ANGOC), 2010, pp. 34-35.
（ 3 ）Korten, David C., "Community Organization and Rural Development : A Learning Process Approach", *Public Administration Review*, vol. 40, no. 5, 1980, pp. 480-511.
（ 4 ）Chambers, Robert, *Rural Development : Putting the Last First*, Longman Scientific & Technical, 1983.（ロバート チェンバース『第三世界の農村開発』明石書店，1995年。）
（ 5 ）重冨真一「序章 地域社会をどう捉えるか―内生的農村開発のための方法論的考察」，重冨真一・岡本郁子編『アジア農村における地域社会の組織形成メカニズム』貿易振興機構アジア経済研究所，2012年，pp. 5-6。
（ 6 ）重冨真一「地域社会の組織力と地方行政体―東南アジア農村における小規模金融組織の形成過程を比較して―」，『アジア経済』貿易振興機構アジア経済研究所，44巻，5-6号，5-6月，2003年，p. 216。
（ 7 ）重冨，前掲書，2012年，pp. 5-6。
（ 8 ）重冨，前掲書，2012年，p. 18。
（ 9 ）斉藤 仁『農業問題の展開と自治村落』日本経済評論社，1989年，pp. 55-61。斉藤 仁「第4章 日本の村落とその市場対応機能組織―批判への答を中心として―」，大鎌邦雄編『日本とアジアの農業集落 組織と機能』清文堂，2009年，pp. 118-125。
（10）Po, Blondie, "Rural Organizations and Rural Development in the Philippines : A Documentary Study", ed. Marie S. Fernandez, *Rural Organizations in the Philippines*, Institute of Philippine Culture, Ateneo de Manila University, 1980, pp. 76-80.
（11）Gragasin, Jose V., "Philippine Cooperatives: Organization and Management and Agrarian Reform Program", *Conanan Educational Supply*, 1973, p. 47.
（12）Wurfel, David, *Filipino Politics : Development and Decay*, Cornel University, 1988, p. 170.

(13) 杉下五十男「マルコス政権下の農協制度開発―サマハンナヨン計画の構想・結末・遺産―」,『協同組合研究』15巻, 3号, 12頁。
(14) Caucus of Development NGO Networks (CODE-NGO), "Assessing the Philippine NGO Environment: Regulation, Risks and Renewal", Caucus of Development NGO Networks, 2009, p. 3.
(15) 斉藤, 前掲書, 1989年, p. 110。
(16) Corpuz, O. D., "An Economic History of the Philippines", *The University of the Philippine Press*, 1997, pp. 8-10, pp. 24-26.
(17) Rocamora, J. Eliseo and Panganiban, Corazon Conti, *Rural Development Strategies: The Philippine Case*, Institute of Philippine Culture, Ateneo de Manila University, 1975, pp. 92-95.
(18) 後藤美樹「フィリピンの住民自治組織・バランガイの機能と地域社会―首都圏近郊ラグナ州村落の住民生活における役割」,『国際開発研究フォーラム』名古屋大学大学院国際開発研究科, 25号, 2004年, p. 64。
(19) Po, Blondie, 前掲書, pp. 68-71. Wurfel, David, 前掲書, pp. 138-139.
(20) 平山正美「フィリピン」, 森田朗編『アジアの地方制度』東京大学出版会, 1998年, pp. 130-131。
(21) 葉山アツコ「第3章 地域の組織力からみるフィリピンのコミュニティ森林管理事業」, 重冨真一・岡本郁子編『アジア農村における地域社会の組織形成メカニズム』貿易振興機構アジア経済研究所, 2012年, pp. 7-21。
(22) Guiang, Ernesto S., "Impacts and Effectiveness of Logging Bans in Natural Forests: Philippines", eds. Chris Brown et al., *Forests out of Bounds: Impacts and Effectiveness of Logging Ban in Natural Forests in Asia-Pacific Executive Summary*, Food and Agriculture Organization of the United Nations Regional Office for Asia and the Pacific, 2001, p. 106.
(23) 重冨, 前掲書, 2003年, pp. 217-218。
(24) 重冨, 前掲書, 2003年, pp. 223-224。
(25) 重冨, 前掲書, 2012年, p. 20。

# 第Ⅱ部
## 事例の部

### 国内事例編

# 第3章

# 奈良町におけるまちづくり

上田恵美子
[(社) 奈良まちづくりセンター]

## 1. はじめに

　もう10年ほど前になるが，筆者がかかわる奈良まちづくりセンターというNPOが「「奈良」をイメージする写真を持ち寄ろう」という展示イベントを企画し，大阪で芸術を学ぶ学生に呼びかけたところ，発表の場を求めている学生たちも賛同してくれた。奈良の写真展はいろいろな形で開催されているが，芸術系の学生による写真展というのはおそらく初めてだろう。学生たちは奈良を歩き回り，いろんな作品を仕上げた。その作品は奈良の町並み保存地区にある奈良町物語館という伝統的町家に展示された。この町家はギャラリーというよりは多目的スペースで，見学施設として観光マップに紹介されていることから，多くの観光客が散策の際に立ち寄った。

　展示用にさまざまな光景の写真がそろった。奈良の人々に親しまれている近鉄電車の小豆色のシートで暖かい日差しを受けながらうとうとする女の子や，奈良のお土産の定番であるビニール製の鹿のおもちゃ等，若い学生には奈良はこんな風に映るのかと，NPOのスタッフたちも一般来訪者にも非常におもしろく感じられた。それは，普段よく見かけるプロやアマチュアによる神社仏閣や草花で表現する奈良の写真とはまったく違っていた。それでいて不思議なの

は，どこかに共通するものが感じられることだ。町家という空間も相まって，あくまで感覚的としてではあるが，「ああ，どれも奈良だなあ」と，納得できるのである。そこには，奈良の特徴としてよく言われるとおり，時間の流れがゆっくりしている様子や，素朴さなどが伝わってくる。学生それぞれの個性でもって表現された奈良ではあるが，「この部分が奈良らしい」などと説明しなくても，漠然とはしているが何かが伝わる。奈良を知る者の間には世代を超えて，ある種の共通の感覚や記憶が存在するということが感じられたイベントだった。

　奈良町の奈良まちづくりセンターは，市民による奈良における町並み保存から出発して奈良のシンクタンクとして活動を展開してきた。その活動はやがて奈良に思いを寄せる多様な立場の人々の共感の場へとつながっていった。本章では，まちづくりNPOとしての奈良まちづくりセンターの変遷と奈良町にまちづくりが広がっていった過程を振り返り，最後に現在の奈良町について考察する。

## 2．奈良町の生成とコミュニティ

### （1）奈良町という名称

　「奈良町」は，奈良市の旧市街地に位置し，現在も所々に町家が残る昔の趣を残す一帯を指す。この地名は現在の行政区画にはない。明治時代に地図上から「奈良町」という名はなくなり，古くから奈良に暮らしてきた住民の意識だけに残ってきた。やがて，1980年代ごろからNPOと行政によるまちづくりが活発となり，町並み保存の流れができたことによって通称「奈良町」として復活し，一般に広く知られるところとなった。特に奈良市行政は平仮名表記の「ならまち」として，町並み保存と観光施策に力を入れてきた。「ならまち」は主に猿沢池の南側，元興寺を中心とする奈良市が指定する景観形成地区一帯を指す。近年は，「奈良町」も「ならまち」も厳密に使い分けることなく，官民

図表3-1 奈良町都市景観形成地区指定区域図（48.3ヘクタール）

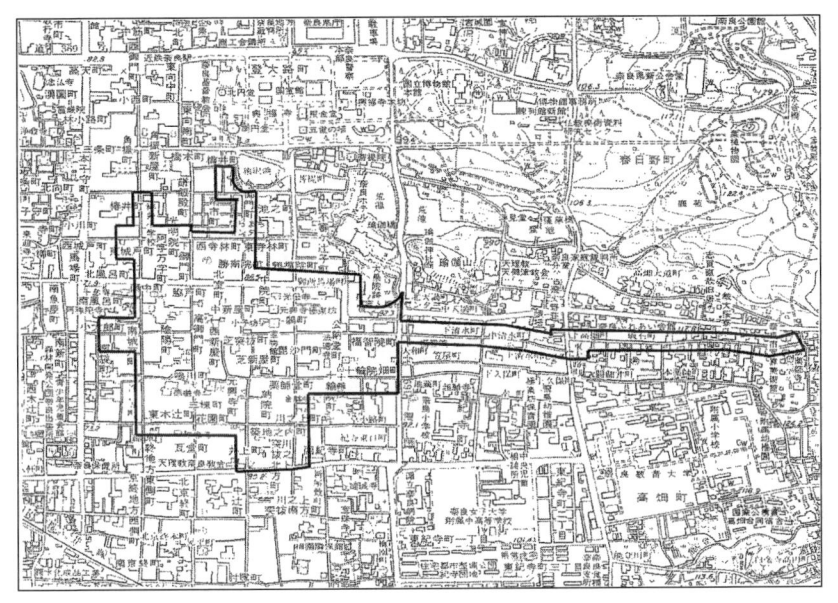

出所：奈良市ホームページ
http://www.city.nara.lg.jp/www/contents/1147327640405/index.html

ともに使うようになっている。

## （2）奈良町の歴史

　奈良町の原型は平城京の時代の外京に見られる[1]。遷都後，平城京は野に返ったが，東大寺，興福寺，元興寺，春日大社などの神社仏閣が残った外京では，有力な社寺のもと，しだいに「まち」＝郷が生まれ，「南都」として発展した。中世には戦乱で社寺が焼失し，東大寺，興福寺は再建されたが，このころ勢力を失っていた曽我氏を後ろ盾としていた元興寺は伽藍の再建が困難となり，敷地には徐々に人が入り込んで住むようになった。やがて，社寺による領主支配が崩れ出すと，力を伸ばした商工業者により郷を合わせて奈良町となった。江戸時代の初期には，奈良町は奈良晒をはじめとする特産品で繁栄した。

　奈良町の歴史は，豊かな都市文化を生み出した。能楽や茶道，書道，さらに

**図表3-2 平城京**

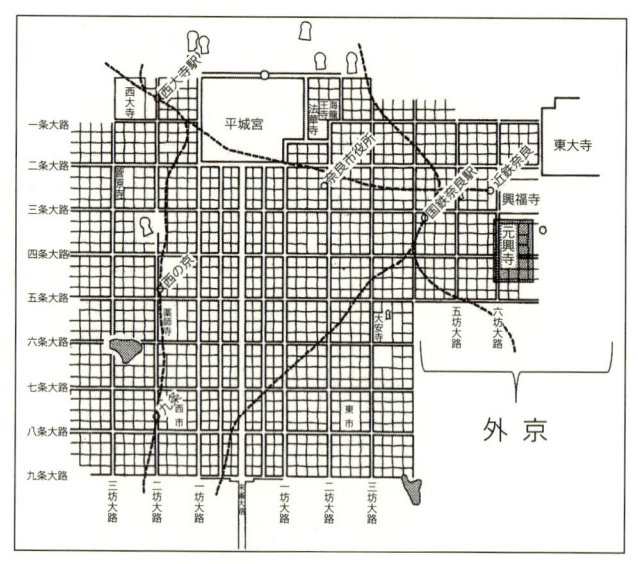

出所:(社)奈良まちづくりセンター。

一刀彫りをはじめとする工芸など,町の繁栄が都市文化を育んだ。

　江戸時代中期には奈良晒が衰退し,ちょうど伊勢参りの街道筋にあたっていたこともあって奈良見物が盛んとなり,今でいうところの観光でにぎわうようになった。街道の結節点となっていた奈良町には,東の柳生,南の奈良盆地,北の京都,西の大阪から,さまざまな物資が集まり,にぎわいぶりは明治時代まで続いた。

　明治時代の初頭,奈良の市街地は廃仏毀釈という憂き目にあったが,奈良公園が整備され,近代以降,国宝級の歴史・文化遺産の多くを有する観光都市としてよみがえった。ところが,鉄道敷設が始まると,駅は伊勢街道の元興寺界隈からは離れた位置に建設されたことから,徐々に町の賑わいは駅周辺へと移転し,元興寺周辺の街道筋に翳りがみえ始めた。戦後,奈良の市街地は戦災を免れたが,旧街道筋の衰退はさらに進んだ。1975年には奈良市役所が旧市街地から転出してしまったことも追い打ちとなって人の流れが変わった。

## （3）市民によるまちづくりの始まり

　家電やクルマの普及などの社会変化のもと，旧街道筋にはかつてのにぎわいが見られなくなり，昔の趣を残す地域となっていた。奈良市行政は1975年になって元興寺界隈の整備に着手し，地域を東西に分断する通路として計画されていた都市計画道路高畑―杉ヶ町線（たかばたけ－するがまちせん）事業を開始した。1978年，こうした奈良の変容に危機感を持っていた有志が集まり，奈良市の事業を題材に奈良町の研究が始まった。やがてこの会は市民によって設立されたまちづくりの社団法人へと発展していく[2]。

## 3．奈良町のまちづくり

### （1）市民主導でのまちづくり

#### ・若手によるまちづくりの始まり

　会の発起人となる前の木原氏は，奈良を離れて東京で勤務するなか，大阪のベッドタウン化が進み，都市化の波に飲み込まれていく奈良の状況を危惧していた。1978年に奈良にＵターンした木原氏は有志とともに「奈良を考える会」の活動を開始し，その1年後にはより本格的な組織として「奈良地域社会研究会」を発足させた。「奈良が直面している諸問題（文化，経済，都市，環境等）を，"新しい地域社会"構築の側面から検討することにより21世紀奈良の理想像を展望する」という主旨のもとに，これに賛同する熱い思いを持った若手の建築家や都市計画プランナーが集まり，市民主導によりまちを調査し，理想の奈良を提案していこうという，若者のまちづくり専門家集団が誕生した。

　この若者たちが奈良におけるまちづくりの場として選んだのは，奈良町だった。奈良と言えば，他府県の人から一番にイメージされるのは「大仏」「シカ」そして「寺」だが，そのイメージは奈良で今現在暮らしている人の生活や文化とは切り離されている。今現在の活きた時間にある奈良の生活や文化は前述した町の歴史によって醸成されてきたことから，研究会は奈良町に焦点をあてた活動を展開し始めた。

奈良町でのまちづくりは，まちの価値を住民に再認識してもらおうとする活動と，都市計画通路を題材とした調査研究から始まった。1981年の奈良町フェスティバルでは，各町内に伝えられている仏像や仏画，生活用具などを元興寺の収蔵庫を会場に展示するという「奈良町展」の他，講演会，フリーマーケットなどのイベントを2週間にわたって開催した。また，同年，都市計画道路高畑―杉ヶ町線による道路拡幅事業に対して，「どうすれば地域の変容をくいとめ，地域の特性を生かした歴史的環境豊かなまちづくりが可能なのか，そのためにはどういったデザインで，どういった素材を使い，どういった植栽を施せば地域に馴染む道路ができるのか」という研究に取り組み始めた。

・組織基盤形成と活動の広域化

1984年，地域社会研究会はまちづくり団体としてはおそらく全国で最初で唯一の社団法人格を取得し，社団法人奈良まちづくりセンターとして再スタートした。まちづくりの活動を展開する際には法人格があった方が何かとうまく進められるが，当時にはまだNPO法はなく，社団法人を選んだ。セミナーやシンポジウムの開催，自主研究，行政からの調査の受託，他のまちづくり団体や専門家とのネットワークの構築等，実績を重ねるうちに奈良まちづくりセンターは，社会的信用を高めていった。行政への政策提言は特に活発に行い，1989年には，奈良市からの受託調査によって奈良町博物館都市構想を提言することとなった。この構想は，奈良市が奈良町におけるまちづくりの基本方針を示した「ならまち賑わい構想」に生かされるものとなった。

その後，活動は奈良県下から近畿へ，さらに1990年代には国際交流へと広がった。国際交流を進めるにあたって，関係者からは「奈良町のこともできていないのに」と反対の意見もあったが，結果として，奈良まちづくりセンターに新たな活動分野を切り開く契機を与えることとなった。アジアのまちづくり団体やイギリスのシビックトラストなど，他国の市民活動団体と交流するなかで，日本でも市民公益活動を強化しなくてはならないというメンバーの思いが高まり，奈良まちづくりセンターはNIRA（総合研究開発機構）の助成を受けて，1993年に「市民公益活動の基盤整備調査」，1994年には「市民公益活動促進の

ための法と制度のあり方に関する研究」をとりまとめた。当時はまだ国内では市民活動というものはあまり理解されておらず，活動には何かと苦労も多かった。イギリスのような市民公益活動を日本にも広めたいという木原氏の思いからこの調査研究が始まり，後のNPO法成立（1998年）に資するものとなった。

・拠点形成と時代変化への適応

現在の奈良まちづくりセンターの拠点となっている奈良町物語館は，100年以上も前に建てられた老朽化した町家を修復したもので，1995年に開館した。奈良町物語館があることで，町家や町並み保存の重要性が見える形で提示できることから，外部へのメッセージ力が格段と向上した。

当初，会員から空き家を貸そうという提案があり，それまでは貸事務所を転々としてきた奈良まちづくりセンターにとって待望の拠点を得る機会だった。しかし，その空き家の傷み具合はひどく，修復には数千万円かかるという見積となった。バブル経済が崩壊し景気が急速に冷え込んでいく状況で資金が集まるのかという危惧もあったが，企業寄付や行政補助金に加えて，「瓦基金」として一般市民から寄付が寄せられ，合計で約4,000万円が集まった。

「実際の法的権利の話は別として，結局のところ，物語館は誰のものでもない。市民の浄財が物語館を支えてきたのであり，物語館は公によって当センターが信託されている」と，当時，奈良町物語館の事務局を担っていた理事の森井氏は言う。奈良町物語館のコンセプトについては開館前から議論されてきたが，結局あえて定まった方針を打ち出さず，利用しながら民間の組織らしく柔軟に方向性を模索していくことになった。2階に事務所を置き，1階は，貸スペースとして市民に多目的に利用してもらうことになった。作品の展示で利用している会員からは，奈良町が観光地でもあることから「全国から，いや世界中からいろんな方がやってきて，会話が楽しい」と好評を得ている。その他，奈良の工芸家にお越しいただき皆で話を聞く「こうげい夜咄」，子供向けの活動として「奈良町探検隊」などのイベントや，地元町内会が更用講で利用するなど，これまでにない層の方々へと関わりが広がり，地元に根差した活動が展開できるようになった。

物語館　改修前と改修後
出所：(社) 奈良まちづくりセンター。

　後に「失われた10年」と言われる経済情勢のもと，1990年代末頃から本格的な少子高齢化時代が到来し，行政の財政状況は急速に悪化して，奈良町への支出も難しくなった。また，阪神淡路大震災の経験やNPO法やまちづくり3法などの流れから，2000年代に入ってからは市民参加，官民連携による「まちづくり」ということが以前に増して言われるようになった。「政策提言による上からのまちづくりだけでは限界が見えてきた。今はボトムアップによる形あるまちづくりが必要だ」，子ども文庫の活動や，学生や主婦たちの交流の場づくりなど，奈良まちづくりセンターは物語館を使って時代の変化に応じたまちづくりのあり方を模索するようになった。シンクタンク機能を中心に活動を展開してきた奈良まちづくりセンターに求められる社会的役割も変わりつつあり，ちょうど奈良町物語館というまちづくりの実践の場所を得られたことは大変幸運でもあった。

## （2）奈良市の施策
### ・景観形成
　奈良市の都市計画道路事業に対して，前述のとおり奈良地域社会研究会が調査研究活動を進めていた他方で，1981年から奈良市教育委員会も町並み調査を開始した。この結果を受けて，1988年4月には奈良市町並み保存事業により，保存地域の伝統的な建築様式での修理・修景事業に対する補助金の交付制

度が始まった。

1990年，奈良市は奈良市都市景観条例を施行し奈良町を景観形成地区に指定，補助金の申請窓口は，教育委員会から奈良市都市計画部計画課へと移り，より本格的な都市景観形成に向けたまちづくりが動き出した。地区内の建物などの位置・構造・外観の意匠などについて「景観形成基準」を定められ，建物の新築・改築・増築・外観の修繕・模様替え，色彩の変更などを行う場合は「届出」が必要となった。同時に，建物の道路に面する建築物，門，塀等の仕上げの修景を奈良市の基準に準じて行う場合，補助金が支給されることになった。2011年度までの実績では修理・修景を含めて合計226件にこの補助金が適用されてきた[3]。

・ならまち賑わい構想

奈良市による町並み整備が進捗し，続いて奈良町のまちづくりの基本方針についての構想が1992年に発表された。「ならまち賑わい構想」は，「人口の減少，若年層人口の低下と高齢化が進行し，さらに古い町家が取り壊された跡地にマンションなどの中高層住宅が建設され，また，駐車場ができるなど歴史的町並みが損なわれつつ」ある現状に対して，「活性化」と「町並みの保存」に取り組むことをならまちの課題とし，①住環境の整備，②新しい文化の創造，

**ならまち格子の家**

奈良町の典型的な町家を再現した見学施設。約10万人（2010年実績）が来訪する。
出所：(社) 奈良まちづくりセンター。

③観光振興と地域産業の活性化にあり，住環境整備と観光振興を同時進行していく方針を示した。

　奈良まちづくりセンターが提案した前述の奈良町博物館都市構想は地域全体が歴史生活博物館（リビング・ミュージアム）という考え方でまちづくりを行うもので，この構想をもとにした「ならまち賑わい構想」に基づいて，ならまち格子の家，ならまち振興館，奈良市写真美術館，奈良市音声館（おんじょうかん），奈良市資料保存館などの公共施設が順次建設されていった。これらは奈良町の文化をそれぞれのテーマで表現する施設であり，世界遺産の元興寺や，国や県指定の文化財，私設の博物館とともに，観光スポットとして紹介されて賑わっている。こうして，「ならまち」は広く知られる観光地として定着し，新たな店舗が増え，「ならまちにぎわい構想」は一定の成果を上げた。

## （3）まちづくりの主体の変化

　80年代後半から，奈良町にいくつかの新たなまちづくりを行うグループが登場するようになった。町家の持ち主に保存活用を提案するNPO，奈良町で商う事業者を中心としたグループ，奈良町好きが集まって勉強会やイベントを行うグループ，落語を振興する団体，コミュニティFMを放送する会社，奈良の活性化を目指す株式会社等，法人格を持つ団体からサークル的なグループまで，多様なまちづくりの活動主体が登場した。このような団体が協力して開催する「ならまちわらべうたフェスタ」は，奈良市の外郭団体が主催し，昔遊びをテーマとする子ども向けのイベントで，奈良町以外からもいろんな団体が参加してきた。2012年度で20回目を迎え，日本ユネスコ協会連盟「第1回プロジェクト未来遺産」にも登録されている。

　奈良町の多様なまちづくりの活動団体には，奈良町内外から多様な人々が参加し，そのなかにはいくつもの団体を兼ねて所属する人がいて，組織間の情報交流が生まれるしくみがある。また，行政職員や専門家等で専門性を発揮する人々もいて，広い分野が網羅されて情報が流れやすい。なかには生まれて数年で消えてしまった団体もあるが，それは新しい活動が誕生しやすい場が形成さ

れているからでもある。

　まちづくりの新しい流れとは別に，奈良町で古くから重要な役割を果たしているのが地縁組織である。今でも庚申講が残る町会もあり，町会によって温度差はあるものの，奈良町の各地縁組織は伝統を継承しながら奈良町での生活や商業活動に規範をもたらしている。

　以上の過程をまとめると，図表3-3のようになる。

　まずは①まちが育んできた歴史・文化を土台にまちの文化を継承してきた地域共同体がある。奈良町は一時期，時代の変化のなかで活気を失い，1970年代の後半，都市計画道路事業という新たな開発の波にさらされ，②奈良まちづくりセンターの町並み保存への調査研究や地域への活動が始まった。③奈良市行政も奈良建築博覧会を契機に，奈良町の整備事業を本格化するとともに奈良町の文化のすばらしさと町並み保存の意義を唱えてきた。そうした活動がある程度の進捗を見せると，奈良まちづくりセンターや奈良市行政では補えない新たな活動に向けて，④多様なまちづくりの活動主体，法人や市民団体，サークル等の活動が広がってきた。そして，地域住民が持っている奈良町らしさをベー

図表3-3　奈良町のまちづくりの主体とコミュニティ

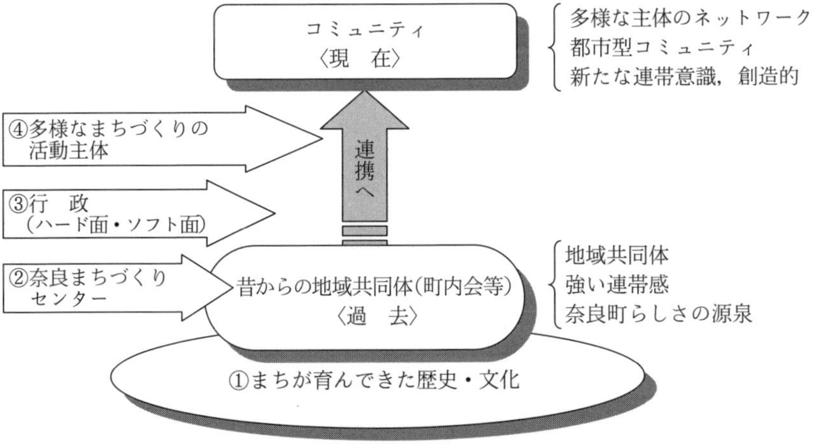

```
                    ┌─────────────┐    多様な主体のネットワーク
                    │ コミュニティ │    都市型コミュニティ
                    │  〈現　在〉  │    新たな連帯意識，創造的
                    └──────△──────┘
④多様なまちづくりの     │連│
　活動主体              │携│
                       │へ│
③行　政                 │ │
　（ハード面・ソフト面）  │ │
                       │ │
②奈良まちづくり  ┌──────┴──────┐    地域共同体
　センター       │昔からの地域共同体│    強い連帯感
                │（町内会等）     │    奈良町らしさの源泉
                │  〈過　去〉     │
                └─────────────────┘
                  ①まちが育んできた歴史・文化
```

出所：注（4）と同じ。

スにしながら，奈良町を豊かにする創造的な活動が展開されるコミュニティが生成された。

　奈良まちづくりセンターは，かつて奈良町の再生に向けてまちづくりをリードしてきたが，現在の奈良町のまちづくりは新たに生まれてきた活動によって多元的に支えられ，奈良まちづくりセンターもこのコミュニティの一員に加えられる。

## 4．現在の奈良町と課題

### (1) 観光地と店舗
　奈良町には観光地と呼ばれるにもかかわらず，人が住んでいる住宅も，しもた屋もある。町並みとともに自然な人々の生活があるので，「観光地らしくない」「わざとらしくない」といった観光客の声が聞かれる他方で，奈良町のなかにいながら「奈良町という観光地はどこですか？」と，尋ねる人もいる。観光地とは生活から切り離された場所で，店舗が並んでいて，人通りが多くてという既成概念を持っている人にとって奈良町は違和感があるようだ。

　前節で述べた1980年ごろからのさまざまな取り組みによって賑わいが戻ってくると，奈良町で出店したいと希望する事業者が現れ，店舗が増えてまた新たな賑わいをつくるようになった。店舗でのヒアリングより，以下の3つの特徴が見えてきた。

① **個人経営が多い**
　個人経営が多く，経営者だけか，少人数の店員を雇用している店舗が多い。

② **従来型の観光土産物を置かない**
　駅周辺の土産物店で販売されているものと同じような土産物はあまり見かけない。

### ③ こだわりを持った個性的で創造志向型のスタイル

商品やサービスにはもちろん，町家や蔵を使った店舗や，路地にある木造家屋など，それぞれに趣が感じられ，奈良や町へのこだわりが見られる。作家の店舗などもあり，個性的な店舗が多い。

さらに，奈良町がまちづくりによって形成されてきたことによる従来の観光地との相違がもう1点見られる。それは多くのまちづくりによる観光地に言えることだが，観光客も，事業者，市民グループ，行政をはじめ，町に関わる主体も加わって，まちの姿に共鳴する人の場が形成されていることである[4]。旧来からの観光地とは異なって，はじめにで述べたようなまちへの共感や共通の記憶が中心であって，観光客だけが主役ではない。

多くのまちづくりの現場には地元への愛着があるのと同様に，奈良町には「奈良が好き」「居心地がいい」「安心できる」などの共感の「場」が形成され，その中心に奈良がある。前述の「はじめに」は，その一場面を描いたものであ

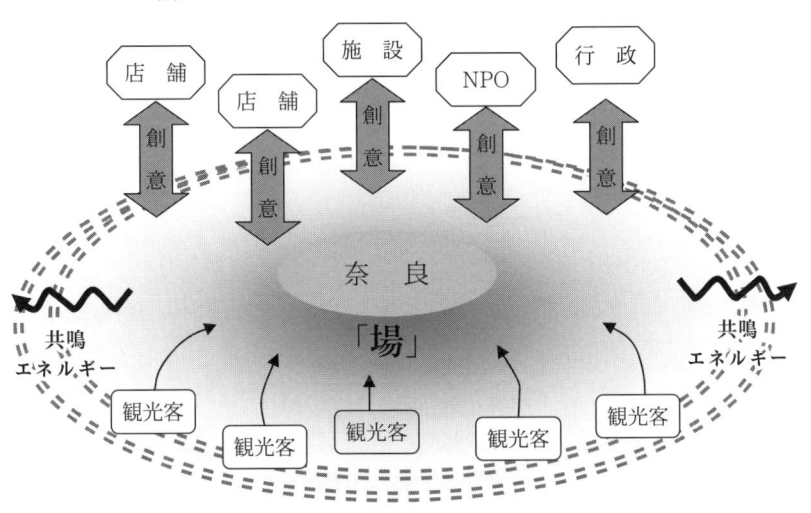

図表3-4　まちづくりによる観光地の場のイメージ

出所：注（4）と同じ。

る。店舗事業者，特に奈良町が好きで開業した事業者も同様に「場」の一員で，その思いを自分の個性で技術や創造力を使って，商品や料理，サービス，店舗の装飾などで表現する。したがって，共感の場の中心にいるのは観光客ではなく，奈良そのものであり，観光客は店舗事業者の創造したものを楽しみ，その共感の「場」に魅力を感じる。

## （2）店舗とまちの変化

　奈良町には店舗が増えたが，10年前と比べると店舗の傾向が変わってきた。まず，1つは奈良町以外から店舗を経営したいという人の開業が増えたということである。筆者が2000年に奈良町の店舗経営者を対象にアンケート調査を実施した際に，奈良町に立地した理由をうかがったところ，「先代から受け継いだ土地もしくは建物」だからとする回答が7割だった[5]。その後の調査はないが，最近は奈良町以外から入ってきて経営している人が増えているのは明らかで，その割合が増しつつある。

　また，調査当時は建物や土地を貸そうという話はほとんど聞かれなかったが，近年は徐々に貸し出す人が増えた。1軒をそのまま借りている人もいるが，大きな町家になると初めて商売を始めようとする人には規模が大きすぎて品数が揃わなかったり，家賃の負担が大きくなり過ぎたりすることから，町家に数件のテナントが同居できるように改修して貸し出されている例もある。借りたい側，貸したい側のマッチングがスムーズに行われるまでにはまだ時間がかかるが，以前よりは借りやすい状況に変わってきた。

　もう1つの変化は，観光客相手の経営を生業とする店舗が増えたということである。以前は芸術品，装飾品，雑貨などの製造販売が3割ほど，飲食店もしくは食品の製造・販売がそれぞれ2割前後で，飲食店はそれほど多くはなかった。したがって，町全体で観光客を主たる顧客と考えている店舗は3割弱で，常連客や，電話注文などの店舗以外での販売を主としている経営者の方が多数派だった。ところが，近年は本格的な飲食店が増え，さらには宿泊施設もできたということで，観光客相手の店舗が増加したと考えられる。つまり，徐々に

地元の需要よりも，観光客による外需のウエイトが高まりつつある。

観光客を主たる顧客とした生業が一部に見られる町になったという意味で，奈良町は観光地としての成長のステップをまた一段昇ったと言える。

## （3）今後の課題

店舗の増加などの変化に対して，住民からは賑わいがもどってきたという意見とともに，混雑や騒音，ゴミの増加などの生活への影響についての不満や，「奈良町らしくなくなった」といった声も聞こえる。表面的には，店舗が増えたことや，まちづくりのイベントなどで大きく町が変わったように見えるが，町の変化はそれだけではない。住民の高齢化や，町家の老朽化など，奈良町の生活が徐々に変わりつつあることが関係している。

図表3－5は奈良町の観光対象が重層的に成立していることを示している。奈良町観光の魅力は，観光客があまり意識することがないようなC群に基づいてB群の町家や生活があり，その上に店舗や観光施設，イベントが成り立

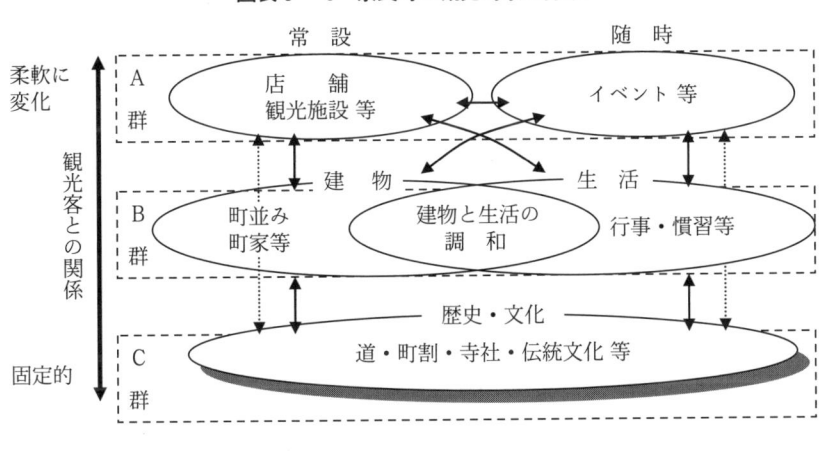

図表3－5　奈良町の観光対象の分類

|  | 常設 | 随時 |
|---|---|---|
| A群 | 店舗・観光施設 等 | イベント 等 |
|  | 建物 | 生活 |
| B群 | 町並み・町家等／建物と生活の調和 | 行事・慣習等 |
|  | 歴史・文化 |  |
| C群 | 道・町割・寺社・伝統文化 等 |  |

柔軟に変化 ←→ 固定的
観光客との関係
←→ 相互関係

出所：上田恵美子「奈良町と観光」（社）奈良まちづくりセンター『まちづくりのめざすもの～（社）奈良まちづくりセンターの挑戦』，2004年より加筆修正。

っている。奈良町観光は，まちづくりによる各地の観光地も同様であるように，外からは見えない人々の暮らしや歴史・文化に支えられた魅力で成り立っている。

　これまでは図のA群の店舗やイベントが増加してB群の建物や生活に影響を与えることが課題と考えられてきたが，近年はB群の建物や生活の維持が高齢化や老朽化で危ぶまれる状態となっている。一部の町家が町家でない住宅に建て替えられたり，あるいは前述のとおりテナントとして改築されたりと，以前よりもB群が変化しやすい状態となっている。B群の変化の仕方によっては，C群の町割や伝統文化などがB群の生活とは切り離され，C群が過去のものとなっていく可能性がある。結果として，町全体の観光の魅力バランスが崩れることになる。「観光地らしくない」「わざとらしくない」という声はもう聞くことができなくなるだろう。

　奈良町が今後どのような方向に進展していくかは最終的には住民の判断であるが，どこまでの変化を容認しながら，町並みや町家，あるいは行事や慣習を継承していくかが課題となる。奈良町には，町家での住まい方を住民に提案したり，町家バンクを運営するNPOが活動を進めており，それらを中心とした町並み保存の活動の継続とともに，人と人の交流と対話の場を提供している前述のコミュニティがカギとなると考えられる。


[注]
（1）奈良町の歴史については，永島福太郎（1996）『奈良』吉川弘文館。
（2）以下の文献とヒアリングをもとに編集。奈良町・コミュニティ研究会『コミュニティ総合政策研究―奈良町・コミュニティ総合政策第1次研究―』NPO政策研究所，1998年。社団法人奈良まちづくりセンター『まちづくりのめざすもの～(社)奈良まちづくりセンターの挑戦』，2004年。(社)奈良まちづくりセンター「設立25周年記念「歴代理事長スペシャルトーク」記録」『地域創造』第50号。
（3）奈良市HPより http://www.city.nara.lg.jp/www/contents/1147328161579/index.html

（4）上田恵美子「まちづくり型観光地の変化と課題―観光産業と「場」の概念を中心に―」大阪市立大学大学院博士論文，2006年。
（5）「奈良町で商業活動を行っている経営者への意識調査」。
　　期間：2000年9月14日～23日
　　目的：奈良町の商業経営者の立地理由や奈良町に対する考え方等の意識を調査する。
　　実施：大阪市立大学経営学研究科遠藤研究室（担当：上田恵美子）
　　対象：近年開業する店舗が多く見られる脇戸町，中新屋町，鵲町を中心とした地域で，店頭での販売および飲食業を行う店舗の経営者
　　方法：留置き調査（筆者が直接店舗に依頼・配布し，数日後に回収。一部，ヒアリングで補足記入）
　　回収：対象60店舗のうち，36店舗

## ［参考文献］

石井昭夫「観光地発展段階論の系譜」，『立教大学観光学部紀要』4，2003年。
石原武正『小売業の外部性とまちづくり』有斐閣，2006年。
伊丹敬之・西口敏宏・野中郁次郎編著『場のダイナミズムと企業』東洋経済新報社，2000年。
上田恵美子「都市型コミュニティと観光地形成―奈良町観光を事例として―」，財団法人アジア太平洋観光交流センター『入選論文集　第7回　観光に関する学術研究論文　観光振興又は観光開発に対する提言』，2001年。
（社）奈良まちづくりセンター『住民によるまちづくりシステムを求めて』，1987年。
（社）奈良まちづくりセンター『社団法人奈良まちづくりセンター設立20周年記念誌　まちづくりのめざすもの～（社）奈良まちづくりセンターの挑戦～』，2004年。
永島福太郎『奈良』吉川弘文館，1996年。

# 第4章

# 沖縄県読谷村における新商品開発を核にした地域づくり

伊佐　淳
［久留米大学経済学部］

## 1．はじめに

　読谷村発のユニークな特産品が次々と開発されている。その代表例は，紅いもタルトである。同商品は，沖縄の菓子土産売上高のなかで常に1，2位にランクされているといわれている。さらに，この紅いもタルトを開発した株式会社ポルシェは今や，九州・沖縄地区の菓子製造業者ランキングにおいても上位にランク・インするまでに成長している[1]。

　その他，もずく丼，冬瓜パイ，冬瓜カレー，もずくバーガーなど話題にことかかない[2]。さらにいえば，上記の商品の原材料は，ほとんどすべてが県内で調達されており，とりわけ，地元・読谷村の原材料をできる限り優先的に利用しているというのである。言い換えると，地元調達率100%を目指すが，原材料の供給が商品の製造に追いつかない場合は，県内他地域の原材料を利用するというわけである。まさに，地産地消商品のオンパレードである。

　さらに驚くべきことに，そうした商品が，いわば地域ぐるみで開発，生産，販売，販路開拓まで行われており，むらおこし事業として行われているのである。以下，その経緯について見ていきたい。

## 2．ユンタンザむらおこし塾

　紅いもタルトはもともと，読谷村の有志によるむらおこしの勉強会「ユンタンザむらおこし塾（以下，むらおこし塾）」に端を発する。

　読谷村商工会（以下，商工会）事務局長の西平朝吉氏は，以前より地域づくりに情熱を傾けており，そのポイントは人材にあると見ていた。そこで，むらおこし塾を1991（平成3）年度に開始した。その場には，商工会会員の有志だけでなく，読谷村役場（以下，村役場）で企画畑の石嶺傳實氏（現・読谷村村長）も塾生として参加し，沖縄国際大学助教授の大城保氏（現・同大学学長）をはじめ，地域活性化の専門家が講師に招かれた。

　石嶺氏によると，紅いもは村の土壌に適しているが，当時は，甘みが少なく，害虫の問題もあり，市場での評価は低かったという。そこで，1986（昭和61）年，商工会は，国と沖縄県の助成を受け，むらおこし事業に着手した。紅いもの市場価値を上げ，地元農業の活性化にも貢献する地産地消商品の開発を目指して，村内の菓子製造業者・ポルシェ（現・株式会社お菓子のポルシェ）に紅いも加工品の開発・製品化を依頼したのである。実はこの時，代表の澤岻和子氏は，不安を覚えていったんは断ったものの，商工会からの強い要望があり，結局，引き受けざるを得なかったと述べている。また，原材料である紅いもの害虫の問題もあり，紅いもそのものの確保もうまくいかず，当初から苦労続きであったという[3]。

　続いて，1988（昭和63）年，同じく国と沖縄県の助成を受け，販路開拓支援事業を実施した。このときの狙いは，既存企業の活性化と起業支援や産業化による地域経済の活性化であった。ポルシェは徐々に業績を高めていったが，売り上げがなかなか軌道に乗らず，商工会も村役場と一体となり，販路開拓の支援を強力に行った。同社の必死の努力と商工会，村役場の全面的な協力を得たことで，紅いもタルトは，読谷村のみならず沖縄を代表する一大銘柄となったのである。

また，同社は，村おこし事業の実施当初の従業員数20名程度から，現在ではパート従業員を含めて429人もの人々に雇用を提供する地元有数の企業となり，沖縄を代表するソーシャル・ビジネスとも呼ばれるようになっている[4]。

　むらおこし塾発の事業として，もう1つ，触れておかなければならないエピソードがある。1999（平成11）年設立の株式会社読谷ククルリゾート（通称「むら咲むら」）である。同社の設立は，NHKの大河ドラマ「琉球の風」のスタジオ・パークが村役場に寄贈されたことに端を発する。商工会が村役場からスタジオ・パークを借り受けることになり，その運営管理会社として同社が設立されたのである。社長には，商工会会員でむらおこし塾1期生でもあった國吉眞哲氏が就任し，他にむらおこし塾1期生のメンバー3名も経営陣に加わった。この施設には飲食，物産販売，体験ゾーンなどが次々と整備され，県内外から好評を博し，地域活性化の一大拠点となっている。

　むらおこし塾は，1999（平成11）年度まで存続したが，その後は開催されていない。むらおこし塾は，地域や地域活性化に関する勉強会の場であり，異業種交流の場でもあった。しかし，十数年が経過し，村役場の若い世代の職員たちとの意思の疎通がだんだん難しくなってきていると感じるようになった，と國吉氏は言う。地域づくりには，村役場との協力も必要であり，商工会の一方的な思いや要求では実現しない。むらおこし塾のような場にいてこそ，同じ目標を共有し，相手の立場に立ってものを考え，コミュニケーションを図ることができるのだ，そのため，むらおこし塾の復活が必要である，と國吉氏が語ってくださったのが印象に残っている。

## 3．漁業の生産力を高める

### （1）もずく丼の開発

　紅いもタルトの大ヒットに続き，「はじめに」で述べたように，ここ数年，読谷村発の新たな地産地消商品が次々に登場している。その1つが沖縄の代表的な海産物，もずくを使った「もずく丼」である。そのもずく丼の新商品開発

の中心的な役割を担ったのは，村役場職員の山内嘉親氏（現・商工観光課商工・企業立地推進係長）と商工課職員である。山内氏らは新商品のアイディア提供・試作品作りを行い，地元企業が製造・販売を実行し，さらに，商工課が販売支援に携わるのである。後述するが，当時，石嶺副村長（現村長）をはじめ，役場全体で山内氏らの動きをバックアップするという態勢がとられたという。

　山内氏が村内の農水産物の加工・製品開発や販売の支援に関わるようになったきっかけは，彼が水産係に着任した頃にさかのぼる。山内氏が読谷村漁業協同組合（以下，読谷漁協）の担当であった当時，同漁協は億単位に上る多額の累積赤字を抱えていた。赤字分については，県と村役場とが責任を負うため，村役場と読谷漁協は，借入金返済計画を策定するという立場であったが，その際，関係機関から，村役場は再建計画を作成するのは上手だが，実際には計画を実行できないのではないかと突き放され，山内氏は非常に悔しい思いをしたという。以来，山内氏は計画するだけではいけない，何としても借入金返済を成し遂げなければ，と考えるようになった。調べてみると，この赤字は不漁が原因ではなく，流通面に問題があることがわかった。平たく言えば，地元の人々への売り方がなっていなかったのである[5]。

　山内氏は，まずは低価格で消費者に鮮魚を提供し，喜んでいただくことを考えた。いったん消費者がその新鮮さやおいしさを知れば，需要が増えるにつれて多少価格が上がっても，客離れが生じることはないと思ったからである。いわば，「損して得を取る」という発想である。山内氏は，読谷村内に水揚げ漁港があり，鮮魚直売所も設置されているということが知られていないとみた。そこで，役場で顔見知りになった新聞記者に，水揚げされたばかりの鮮魚が直売所で安く買えるという情報を与え，現場を取材してもらうことで情報発信の役割を期待した。山内氏はまた，来店客の増加を予想し，その対応について漁師や漁協職員にも協力を依頼した。そうした努力が実を結び，漁協の鮮魚直売所売上高が1年間（平成12年度〜13年度）でほぼ倍増を記録するという実績が得られたのである。その実績が山内氏に自信を与えると同時に，漁協幹部の彼を見る目も変わったという。

山内氏は，漁業の生産力を高めようと，次の手を考えていた。生産者会議議事録を読むと，もずくは全体的に供給超過であり，アーサ（アオサ）は供給不足であることがわかった。実は，かつて読谷でももずくが生産されていたのだが，在庫の山を築き，以後，生産を停止していた。2004（平成16）年当時には，ある養殖者が単独で34トンのもずくを生産したにもかかわらず，わずかに7〜8トン程度の売上げにとどまったこともあったという。ちょうどその頃，生活協同組合コープおきなわ（以下，コープおきなわ）専務スタッフの石原修氏がアーサ買い付けのために読谷漁協を訪れていた。対応した山内氏が，石原氏の買い付け希望数量を確保できないので5年待ってほしい旨返事をしたところ，5年待ってもよいとの回答を得たという[6]。

　それからしばらくして，「もずく丼」の評判が山内氏の耳に入ってきた。村内の学校給食で地産地消の一環としてもずく丼が提供されており，それが子供たちの間で人気メニューになっているというのである。山内氏は，これをもずくの消費拡大につなげたいと考えていた矢先，「5年後」の約束以降，個人的に親しくなっていた石原氏からももずく丼の製品化が提案された。2人は，意気投合し，実現に向けて動き出した[7]。

　山内氏は，生産者の意欲を刺激するために，沖縄もずくの最大の生産量を誇っていた恩納村産もずくの市場価格に1キログラム当たり10円〜20円程度上乗せした価格での買い取りを生産者に約束した。そして，この買い取り価格を前提に製品開発から販売までの戦略の組み立てを考えたのである。また，彼は，沖縄県栄養士会の協力も必要だと判断し，早速，石嶺副村長と共に同会に出向き，協力を取り付けた。さらに，製品化の技術を有する地元食品メーカーの沖縄ハム総合食品株式会社（以下，オキハム）に対しては，従来から同社と取引関係のあった石原氏が協力を依頼し，製品化の約束を取り付けた。こうした，いわば村内外のネットワークの活用[8]によって，もずく丼を製品化することができたのである[9]。

## （2）もずくバーガーの開発

　読谷村のJA系農産物直売所である「読谷ファーマーズマーケット　ゆんた市場」（以下，ゆんた市場）が開設された頃，山内氏は，野菜だけでは集客が難しいのではないか，その場で食べられるもの，たとえば，ご当地バーガーでも出したらどうかと思っていた矢先，石嶺村長からもファスト・フードなどを出した方がよいのでは，との打診を受けた。

　そこで，山内氏は，ご当地バーガーの開発に取りかかった。バンズに挟む具材を変えると，いろいろと応用できると考えたからである。村内でバンズから製造し販売する，という方針を定めて取りかかったが，通常のバンズでは物足りない。それに，もずく丼がヒット商品になっていたとはいえ，もずくが日常的に消費される量はまだそう多くない。ご当地バーガーにもずくを使えば，さらなる消費拡大につながるはずだ。そう考えた山内氏は，乾燥もずくをバンズに練り込むことを思いついた。実は，以前に，読谷漁協が村役場内に遊休化していた加工設備を使って，売れ残ったもずくを乾燥粉末に加工し，保管していた分があり[10]，それを使おうと考えたのである。そのバンズを村内にある「海の見えるパン屋」で作ってもらうことにした[11]。

　次に，山内氏は具材の選定に取りかかったが，石嶺村長が紅豚肉（べにぶた）はどうか，と示唆した。紅豚肉は，村内企業の「株式会社がんじゅう（以下，がんじゅう）」が加工・販売をしている沖縄特産の豚肉である。山内氏はがんじゅうにバーガー肉の生産を，ゆんた市場に地元野菜の提供を依頼した。同時に，この頃，オキハムが恩納村漁協と共同で開発したもずく入りコロッケの売上げが伸び悩んでいたことから，それも活用することにした。

　乾燥もずくを練り込んだバンズにそれぞれの具材を挟んで関係者で試食をしたところ，好評を得ることができた。「紅豚もずバーガー」と「もずコロッケバーガー（後に「もずコロバーガー」と改称）」の誕生である。

　この２つのご当地バーガーは現在，ゆんた市場で販売されている。つまり，商品開発から販売まですべて読谷村内で行われているのである。しかし，今回は，もずく入りコロッケを具材とし，使用する原材料がすべて読谷村産に限定

されていないことから，村役場が積極的に販売支援に関与するわけにはいかなかった。そこで，山内氏らは，口コミでどこまで販売が伸びるか，様子をみたが，好スタートがきれたというところである[12]。

ちなみに，紅豚もずバーガーの販売価格は1個250円であり，もずコロバーガーの販売価格は1個150円である。それにもかかわらず，価格の高い紅豚もずバーガーが価格の低いもずコロバーガーの約2倍の累積販売個数を記録しているのは大変興味深い[13]。

本節の最後に，読谷漁協の鮮魚直売所売上実績について触れておこう。
改善計画のスタート時である2001（平成13）年度から売上実績は右肩上がりに伸び続けたが，2006（平成18）年度から2008（平成20）年度にかけて横ばいとなった（平成13年度約3,229万円，平成19年度約8,299万円，平成20年度約8,191万円）。2008（平成20）年度にコープおきなわが共同開発と販路開拓に加わるようになり，さまざまな取り組みもあいまって，アーサやかまぼこの売上げも伸び，再び売上実績は上昇に転じた。2010（平成22）年度には約8,921万円に達し，直近では1億円を上回っているとのことである。また，山内氏によると，読谷漁協におけるアーサの生産量は，石原氏が買い付けに来た当時の年間約300キログラムからその後3年間で2トン程度にまで増加し，直近では5トンほどになっているという。

漁業の生産力を高めるという当初の目標は，十分達成されているといってよいであろう。

## 4．読谷村における新商品開発の特徴

前節まで述べてきた読谷村における新商品開発について，以下のような点を指摘することができる。

まず第1にあげられるのは，読谷村内に存在する「もったいない」もの，たとえば，紅いもや冬瓜に着目し，活かしているということである。紅いもは糖

度が低いために市場価値の低かったものであるし，冬瓜は重くてかさばるので，農産物のなかでも売れないものとされていた。これらを菓子に加工（タルトやパイ）することで，消費者のイメージをプラスに変え，付加価値を高めることに成功しているのである[14]。

　第2に，行政や公的機関（商工会）がアイディアを提供し，製品開発や製造は地元企業に協力を依頼し，さらに販路開拓支援まで行っている。最近は，山内氏が新しいアイディアを手がける場合，単にアイディアの提供だけではなく，「自分自身が買うかどうか」と考え，商工課職員にも意見を求めながら，試作品づくりも自ら手がけている。製品のアイディアや試作品をアレンジ・改良したり，新製品開発・販売につなげていくのは民間企業の役割であるという考え方に徹し，村内の事業者に強制めいたことはせず，「やってみませんか」と促すのが山内流である。

　試作品づくりまで手がける理由については，地元の事業者が新製品を発売し，市場や消費者の評価が出る（＝売れる）ことに面白味を感じるし，周りの人々の共感や納得感が嬉しい，とのことであった。加えて，事業者が試作品づくりに失敗すると損失になるが，自分の場合は本来業務をこなしながら試作品づくりをしており，失敗しても誰も金銭的な損失を被らないので，このようなやり方が支持されているのではないか，とも述べている。

　第3に，山内氏は，販路開拓支援にあたって，商品に関する消費者への情報提供やデザイン性もポイントととらえている。つまり，消費者に対してきちんと地域の食材や商品の情報を伝え，消費者はその情報をもとに商品を選択し，自らにとってそれが価値あるものと認めると，ファンやリピーターとなる，という考え方に立っているのである。そこで彼は，地域固有の食材の生産者や「きらりと光る」ものを持った伝統的な製品を産み出す職人の思い，地域産品にまつわるストーリーを大事にしている。そうした思いやストーリーを，パッケージ・デザインを通じて地域の消費者にうまく伝えることによって，地域の応援団を作り，地産地消の輪を広げていこうとしている。たとえば，読谷村の村章をもとに「よみたんブランド・ロゴマーク」を考案してみたり，「読谷ナ

チュラル」というパンフレットをデザイン会社と共同で作成し、読谷村の農産物や水産物、伝統文化・工芸品を紹介するといった具合である。そのパンフレットでは、農産物は「オール・グリーン」、水産物は「オール・ブルー」、そして、伝統文化や工芸品は「オール・レッド」と区分けされ、一目で地元産品がわかるようになっている。さらに、農産物（地野菜、加工品）、水産物（鮮魚、加工品）、伝統文化・工芸品ごとに作成した数種類のシールを地元産品に貼り付け、「読谷村ブランド」として県内各地へ売り込んでいくというわけである。

　前項で述べたような山内氏のスタイルと相まって、こうした仕掛けづくりや本物志向が共感を呼び、さまざまな人々を巻き込む力になっている。

　第4に、この読谷村の事例は、リーダーシップの面から見ても興味深いものがある。リーダーシップにもさまざまなタイプが存在するが、村長の石嶺氏と山内氏に対する個別の面談や聞き取りをした限りでは、読谷村の場合は、「フォロワーが議論し彼らが絵を描く（リーダーが描いた絵と両立する形で、それを描く）のをサポートするための場づくりに傾注するリーダーシップ」[15]であるということができる。また、「どんなに志の高いリーダーでも、現実、現場のすべての動きを把握できているわけではない」[16]ので、リーダーが健全なリーダーシップを発揮するためには、リーダーについて行くフォロワーの役割、すなわち、フォロワーシップが重要であるとの指摘もある。フォロワーシップとは、主体性をもって能動的にそのリーダーのビジョンを実現しようとすることであるが、そのためには、「フォロワーのパワーの持続性やコミットメントの深さ」[17]が鍵となる。両氏に関する限り、こうしたリーダーとフォロワーの良好な関係が成り立っているように思われる。

　一方、山内氏は「変革に立ち向かうミドル」といえるだろう。金井（2005）によれば、変革に立ち向かうミドルは、「賛否両論があってでも、自分なりに問題や課題を見つけ出し、社内外のキーパーソンとうまくつながり、そこにある情報、資源、応援を総動員して、変革を推進」するという[18]。そうしたミドルが発揮する変革型リーダーシップの特徴は、「大きな絵を描き、大勢の人々を巻き込むこと」にある[19]。そして、「創造と革新」を生む変革型リーダーシ

ップを発揮するミドルは,「部下に対する配慮,とりわけ信頼を築くこと」はもとより,「部下以外にも大勢の人びととの連動性をつくり出し,それを課題の実現のために活用することも要請される」のである[20]。前述の事例からわかるように,山内氏はまさに,変革型リーダーシップを発揮しているミドルである。さらにいえば,そうしたリーダーシップを発揮できているのは,石嶺氏が副村長時代から発揮してきたリーダーシップと山内氏のフォロワーシップとがうまくかみ合っている結果であろう。

　第5にあげられるのは,他自治体における人事異動とは異なる運用の仕方である。筆者の知る限り,従来,地方自治体における人事異動は,長くて5～6年,短い場合は2年のサイクルで行われるが,継続的な実施が必要な地域づくり事業が新旧担当者間でうまく引き継がれなかったり,新しく担当となった者の判断で中止になったりすることは,決して少なくないようである。山内氏の場合,前任の経済振興課には10年間,現在の担当課である商工観光課には14年間も在籍している。通常の場合と比較すると,異例の長さであることがわかる。適材適所という観点からは望ましいように思われるが,自治体によっては,特定の人物や組織との癒着を心配する声もある。それについては,透明性を高めるような運用の仕方をすれば,かなりの程度防ぐことができるのではないだろうか。

　第6に,地元・読谷村の生まれ育ちながら,いわゆる「よそ者」の視点を持って,山内氏が新商品開発と地域活性化に取り組んでいるということをあげることができる。同氏は県立高校を卒業後,鯉淵学園(茨城県)に入学した。同学園は,全寮制で自活・自炊と牛の飼育が義務づけられており,学園生活は厳しくも充実していたようである[21]。「もったいない」という視点をベースにした,村のなかの常識からはなかなか出てこない発想は,当時の学園生活によって培われたのかもしれない。

　そして最後に,読谷村ではもともと地域の歴史・風土に根ざした村づくりが行われていたということをあげることができるであろう。たとえば,座喜味城跡の整備,(2012年で34回目となる)読谷祭りの開催などである。また,不発弾

処理場跡には「やちむん（焼き物）の里」を整備したが，今や窯元数は50戸を超えているという。石嶺氏は，40年前の日本復帰の頃より脈々と続く，こうした村づくりの成果が現れてきたのではないかとみている，という。さらにいえば，山内氏が地産地消商品の開発に積極的に関わり，成功させているのも，そうした読谷村の村づくりとも何らかのつながりがあるように思えてならない。

## 5．おわりに
　　―地域の発展を目指して Think Globally, Act Locally！―

　読谷村における上述の取り組みは，「農商工連携」のモデル・ケースの1つとみることができる。農商工連携とは，農商工連携研究会（2009）によれば，「農林水産業者と商工業者がそれぞれの有する経営資源を互いに持ち寄り，新商品・新サービスの開発等に取り組むこと」[22]であるが，読谷村の場合，村役場や商工会が農林水産業者と商工業者との仲介役となっているだけでなく，近年では，山内氏が両者の有する経営資源を組み合わせてイノベーションをもたらしている点に特徴が見いだされるのである。

　ここで，イノベーションについて，触れておきたい。経済学の世界ではシュンペーターによって，イノベーションという概念が広がったとされている。そこで，本稿でも彼の考え方にしたがい，イノベーションについて説明することとしよう。

　シュンペーターは，「われわれの利用しうるいろいろな物や力を結合すること」を「生産」ととらえ，「経済発展」は「新結合の遂行」（英語では「イノベーション」）[23]によってなされるものであるという。新結合とは「生産物および生産方法の変更」を行うことであるとし，彼は，以下の5つのパターンを提示している[24]。すなわち，

（1）新製品（消費者の間でまだ知られていない製品や新しい品質の製品）の生産
（2）新しい生産方法の導入
（3）新しい販路の開拓（既存の販路であるかどうかは問わない）

（4）原料あるいは半製品の新しい供給源の獲得（これまで見逃されていた，あるいは，獲得することが不可能とみなされていたなどの理由から，獲得された供給源がすでに存在していたものであっても構わない）
（5）新しい組織の実現
である。

　また，シュンペーターは，イノベーションを担う者を「企業者」と呼び，「単に交換経済の独立の経済主体を指すばかりでなく，この概念を構成する機能を果たしているすべての人」のこととしているが[25]，「経営管理者」とは異なるという[26]。なぜなら，「だれでも『新結合を遂行する』場合にのみ基本的に企業者であって，したがって彼が一度創造された企業を単に循環的に経営していくようになると，企業者としての性格を喪失する」[27]からである。この場合の企業者は，イノベーターと言い換えることもできるであろう。

　さらに，イノベーターの性格について，次のように描写している。「典型的な企業者というものは，自分の引き受ける努力が十分な『享楽剰余』を約束するかどうかを問うものではない。彼は自分の行動の快楽的成果を気にかけない。彼は他になすべきことを知らないために，たえまなく創造をする。彼は獲得したものを享楽して喜ぶために生活しているのではない」[28]と。そして，「企業者として振る舞う3つの動機」[29]について，以下のように述べている。

　第1にあげられているのは，「私的帝国を，また必ずしも必然的ではないが，多くの場合に自己の王朝を建設しようとする夢想と意志」である。「この動機は，あるものにとっては『自由』と『人格の基礎』，あるものにとっては『勢力範囲』，あるものにとっては『えらがり』というふうに表わすことができる」という。

　第2に，「勝利者意志」である。これについては，「一方において闘争意欲があり，他方において成功そのもののための成功獲得意欲がある」としている。

　そして第3に，「創造の喜び」である。これには，「行為そのものに対する喜び」と「とくに仕事に対する喜び，新しい創造そのものに対する喜び」とが含まれる。前述したもずく丼やもずくバーガーの事例からもわかるように，山内

氏は，さしずめ，この「創造の喜び」の動機を持ったイノベーターであるとみなすことができよう[30]。

さて，本節の冒頭で，シュンペーターは，イノベーションによって「経済発展」はなされるものであるとしている，と記述した。では，彼のいう経済発展とは何か。

シュンペーターによれば，経済発展とは「経済が自分自身のなかから生み出す経済生活の循環の変化のことであり，外部からの衝撃によって動かされた経済の変化ではなく，『自分自身に委ねられた』経済に起こる変化」であるという。また，「人口の増加や富の増加によって示されるような経済の単なる成長」（傍点は筆者による）も発展過程とはみなされない。なぜなら，「これ（＝成長；筆者註）によって惹き起こされるものは質的に新しい現象ではなくて，たとえば自然的与件の変化の場合と同様な適応過程にすぎないからである」[31]。つまり，シュンペーターにしたがうならば，経済の「発展」と「成長」とは区別すべき概念なのである。

読谷村のユニークな特産品開発は，村の人々にとって身の回りにあふれたものをそこにしかないものに転換して販売することによって好評を得ているとみなすことができる。マイナス評価のものをプラス評価に変えていくこと，プラス評価であるものなら新たな利用方法の提案をしたり，売り方を変えてみたりしながら，さまざまな創意工夫を組み合わせていくことがさらなるイノベーションにつながっていくのだといえよう。

今後は，安全・安心・高品質を基本として，ローカル化を徹底し，ローカルを深掘りしていくことによって，磨きこまれた本物のオンリー・ワンを志向していくべきである。グローバル化した現代社会において，日本語だけでなく，外国語（特に英語）を使ってインタラクティブに情報のやり取りができるようになれば，日本全国はもとより，世界各国から評価されるグローカルなオンリー・ワンの製品やサービスともなりうる。

ひるがえって，本稿で述べてきた読谷村における一連の取り組みは，地域ぐるみのコミュニティ・ビジネス（あるいは，社会的企業）とみることもできよう[32]。

地域の主体（商工会，村役場）が地域資源（組織外部の専門家・支援者・支援組織などの人的資源，地域固有の食材・原材料などの物的資源，地域内資金，伝統的な技能・技術，歴史，文化，景観などの地域情報）を巻き込みながら地域の課題解決に向けて取り組み，その結果，地域が活性化しているからである。大規模な企業誘致などによる経済成長ではなく，小規模であってもイノベーションを積み重ねていくことによる地域経済の発展を志向することで，その結果，成長も実現するという可能性がある。

　これまでも，読谷村では米軍基地の返還跡地の安易な流用を防ぐために，農地造成がなされ，それが今，紅いも畑やさとうきび畑になっている。また，海岸線の護岸づくりをしなかったことが美しい海岸線の景観を維持することにつながっている。筆者が取材の折に立ち寄った地元の飲食店経営者は，人工的な護岸のない美しい海岸線，風にざわめくさとうきび畑などの景観や地元の食材を活用した料理を堪能するために，毎年訪れる観光客のリピーターも珍しくはないと語ってくれた。村外からの流入や人口の自然増もあり，読谷村の人口は，平成22年国勢調査確報値によると，38,200人にのぼり，現在，全国的にも人口規模の大きな村になっている。

　ところで，その先には，住民生活の質的な充実（社会発展）にも関わるソーシャル・イノベーションの可能性が見いだされる。服部・武藤・渋澤（2010）は，ソーシャル・イノベーションを「新たなしくみ，文化を普及させ，社会の認識を作り変えていく」ことによって，「社会的価値の創造であり，新しい未来をつくること」[33]と定義し，ソーシャル・イノベーションの必要性とその担い手について端的に指摘している。すなわち，現代社会におけるさまざまな問題を解決し，「真に豊かで平等で持続可能な社会をつくっていく」ためには，「これまでのような個々の問題に対する個別的な対応ではなく，思想や価値観のレベルまでさかのぼって社会のあり方を変革し，新たな価値を生み出す『ソーシャル・イノベーション』が必要」であり，その担い手は「既存の大組織（大企業，政府等）ではなく，一人ひとりの市民・生活者」であるという。そして，担い手たちが「意識を新たにし，変革に向けた行動を起こすことが重要」とし

ている⁽³⁴⁾。そうすると，ソーシャル・イノベーターである「一人ひとりの市民・生活者」が中心的な役割を果たすNPOやコミュニティ・ビジネス，社会的企業などもソーシャル・イノベーションの主体となりうるのである。さらにいえば，多様で複雑な地域問題を1つ1つ解決していくには，セクターを超えた地域総がかり体制で臨まなければならないであろう。今後は，そうした点も視野に入れ，今後のコアとなる「人財」の誘致や育成への取組みも一考に値するものと思われる。

### 謝　辞

　本稿を執筆するにあたり，特定非営利活動法人調査隊おきなわ理事長・沖縄県地域づくりネットワーク事務局長・しまんちゅビジネス協議会理事　親川善一氏，読谷村商工観光課商工・企業立地推進係係長　山内嘉親氏，読谷村村長　石嶺傳實氏，株式会社読谷ククルリゾート沖縄代表取締役社長　國吉眞哲氏，沖縄国際大学学長　大城保教授には，ご多忙ななか，取材のための面談に時間を割いていただき，貴重な資料もご提供いただいた（肩書きは2012年8月取材時）。とりわけ，親川氏には山内氏と知り合う機会をいただくなど，大変お世話になった。親川氏に出会わなければ，本稿を構想することもなかったかもしれない。

　また，本稿は，久留米大学経済社会研究所調査研究「離島，中山間地等条件不利地域における地域づくりに関する研究」の成果の一部である。

　以上，記して心より感謝申し上げる次第である。


### ［注］

（1）株式会社帝国データバンク（2010）によると，九州・沖縄地区における菓子製造業者629社中，同社の売上高は8位，税引後利益率は3位となっている（いずれも2009年度時点）。
（2）もずく丼の商品名は「海人（うみんちゅ）自慢のもずく丼」，冬瓜パイの商品名は「夏美琉（ナチュラル）パイ」，冬瓜カレーの商品名は「カレーになりたいトウガンくん」である。また，もずくバーガーは2種類あり，それぞれの商品名は「紅豚もずバーガー」「もずコロバーガー」である。ネーミングにも工夫が見られ，興味深い。

（3）内閣府（2010）p. 24。
（4）内閣府（2010）p. 24。
（5）山内氏は，筆者と面談した際，「農業や漁業の生産者は作ること，獲ることは上手でも，販売することが上手ではない。この点で農協と共通点があるように感じた」と述べている。
（6）石原氏は山内氏を漁協職員と勘違いしていたことが後でわかったという。
（7）山内氏によると，コープおきなわは，石原専務スタッフが中心となって沖縄の農商工連携に積極的に関わっているようである。沖縄県商工観光部（2011）pp. 7-10参照。
（8）これこそがまさに，「ネット（人と人とのつながり）」を「ワーク（機能）」させた「ネットワーク」であろう。
（9）平成22年度には「むらおこし特産品コンテスト全国商工会連合会会長賞」を受賞した。
（10）乾燥粉末にしておけば，保管場所に困ることがなく，扱いやすくなる（たとえば，10 kgのもずくが，乾燥粉末であれば350 gになる）から，用途は後で考えることにするということにしていたという。
（11）「海の見えるパン屋」とは，社会福祉法人海邦福祉会が運営する授産施設である。手作りのもずく入りバンズの生産に必要な設備は，公益財団法人日本財団からの助成金によって拡充され，連携が可能になったという。
（12）発売当初，山内氏は1カ月あたりの販売個数を2種合計で300〜600個と想定していたが，2011年9月から2012年7月までの1カ月あたり平均販売個数が1,446個に達している。
（13）紅豚もずバーガーは，2011年9月から販売を始め（226個），2012年4月には月間売上4,600個を記録した。一方，もずコロバーガーは，同じく2011年9月から販売を始め（118個），2012年3月に月間売上697個となった。直近の数字（2012年7月）はそれぞれ，899個，535個である。2011年9月〜2012年7月における紅豚もずバーガーの累積販売個数は1万495個であり，累積販売額は262万3,750円である。一方，同期間におけるもずコロバーガーの累積販売個数は5,416個であり，累積販売額は81万2,400円である。
（14）さらにいえば，紅いもタルトの場合，加工についても添加物や保存料などの人工的な物質をできるだけ使用せず，素材を活かす姿勢も素晴らしい。
（15）金井（2005）p. 80。

(16) 金井（2005）p.78。
(17) 金井（2005）p.80。
(18) 金井（2005）p.275。
(19) 金井（2005）p.276。
(20) 金井（2005）p.278。
(21) 山内氏の同期生40名中，卒業を果たしたのは20名であったという。また，同氏は，卒業後，農業改良普及員として職を得るものと思っていたが，村役場職員として採用されたという。
(22) 農商工連携研究会（2009）p.5。
(23) シュムペーター（1977）"Preface to the Japanese Edition" 参照。
(24) シュムペーター（1977）pp.182-183。
(25) シュムペーター（1977）p.199。
(26) シュムペーター（1977）p.202。
(27) シュムペーター（1977）p.207。
(28) シュムペーター（1977）p.244。ちなみに，シュンペーターは，企業者とリスク負担者としての資本家（株主など）とを区別している。資本家としてリスクを負う企業者も存在するが，基本的には，企業者はリスク負担者ではないという。シュムペーター（1977）p.203参照。
(29) シュムペーター（1977）pp.245-247。
(30) 沖縄における農商工連携の事例を見ると，コープおきなわの石原氏もまた，イノベーターであるといえるかもしれない。沖縄県商工観光部（2011）pp.7-10参照。
(31) シュムペーター（1977）pp.174-175。
(32) コミュニティ・ビジネス，社会的企業などについては，伊佐（2011）を参照。
(33) 服部・武藤・渋澤（2010）p.25。
(34) 服部・武藤・渋澤（2010）p.iii。

## ［参考文献］

伊佐　淳「市民参加型地域づくり（まちづくり）に資する新たな事業体」『産業経済研究』久留米大学産業経済研究会，第51巻第4号，2011年。
沖縄県商工観光部『沖縄の農商工連携事例集』，2011年。
沖縄国際大学総合研究機構　沖縄経済環境研究所『SB（ソーシャルビジネス）研究会報告書』沖縄国際大学総合研究機構　沖縄経済環境研究所，2012年。

金井壽宏『リーダーシップ入門』日本経済新聞社，2009 年。

株式会社帝国データバンク「特別企画：2009 年度九州・沖縄地区菓子メーカー経営実態調査」株式会社帝国データバンク，2010 年（http://www.tdb.co.jp/report/watching/press/pdf/s101201_80.pdf）（2012 年 10 月 30 日閲覧）。

シュムペーター著，塩野谷祐一・中山伊知郎・東畑精一訳『経済発展の理論（上）』岩波書店，1977 年。

特定非営利活動法人調査隊おきなわ編『平成 23 年度沖縄型「新しい公共」支援事業報告書』沖縄県環境生活部県民生活課，2012 年。

内閣府沖縄総合事務局経済産業部『ソーシャルビジネス事例集［沖縄版］』内閣府沖縄総合事務局経済産業部，2010 年。

根井雅弘『異端の経済学』筑摩書房，1995 年。

農商工連携研究会『農商工連携研究会報告書』経済産業省・農林水産省共同発表，2009 年（http://www.meti.go.jp/report/downloadfiles/g 90714b03j.pdf）（2012 年 9 月 30 日閲覧）。

服部篤子・武藤　清・渋澤　健編『ソーシャル・イノベーション―営利と非営利を超えて―』日本経済評論社，2010 年。

本間義人『地域再生の条件』岩波書店，2007 年。

山崎　充『「豊かな地方づくり」を目指して』中央公論社，1995 年。

# 第 5 章

# 奈良における伝統野菜を使った農業の6次産業化

冨吉満之
［名古屋大学環境学研究科］

## 1. 背景と課題

### (1) はじめに

「6次産業化」という言葉をご存知だろうか。何やら聞き慣れない言葉だと感じる方も多いかもしれない。「第1次産業」は農林水産業と鉱業，「第2次産業」は工業などの製造業，「第3次産業」はサービス業である。ここまでは，学校で習った記憶があるのではないだろうか。では「6次産業化」というのは？これが，本章における大切なキーワードの1つとなる。もう1つのキーワードは「伝統野菜」である。2つのキーワードの中身については，これから述べていくが，本章では，「伝統野菜」を使って農業の「6次産業化」を進めることが，どのように地域づくりに結びつくかについて，奈良県の取り組みを紹介しながら検討していく。

### (2) 背景と課題設定〜中山間地域の現状

過疎化・高齢化が進む中山間地域においては，コミュニティ機能の低下や耕作放棄地の増加，野生獣害の増加等といったさまざまな問題が顕在化している。中山間地域は農業生産の場として見た場合，平地と比較して圃場1区画当た

りの面積が小さく，また大きな農業機械が使えない場所も多いため，効率的（・大規模）な農作業の観点からは不便さを抱える。しかしながら，中山間地域は，日本の国土面積の65%を占めると共に，耕地面積の43%，総農家数の43%，農業産出額の39%，農業集落数の52%を占めており，日本の農業のなかで重要な位置を占めている（農林水産省，2012）。

また，歴史的には，中山間地域の農村部に人が住み，農林業が継続的に行われることによって，さまざまな地域資源が直接的・間接的に管理され，文化的な多様性が維持されてきた。地域資源は，農用地，林地，景観といった自然資源や，文化財，祭といった文化的資源，地域固有の技術やバイオマスなど多岐にわたる。その多くは農林水産業や農山漁村が有する多面的・公益的機能と密接に関係しており，地域資源の管理をいかに効果的に行っていくかが，今後の中山間地域の存続に関わる課題となっている。

本章では，中山間地域の課題に対して，NPOが参画することによる「農業の6次産業化」（以下，6次産業化）を通じた地域づくりに着目する。すなわち，地域資源の管理を行い，地域コミュニティを再構築するために，NPO法人という組織形態がどのように活用されうるのかについて，6次産業化の事例を通じて検討する。また，地域の人々の暮らしや文化と密接に関連する地域資源の代表例としての伝統野菜を対象に，そこに内在する価値をどのような形で引き出せば，それが事業として成立し，継続性を持ちうるかについて考察を加える。

## 2．農業における6次産業化の概念とその意義

### （1）農業の6次産業化

ここでは農業の「6次産業化」という概念について詳しく見ていく。まず，6次産業化とは，農業者が1次産業のみに留まるのではなく，2次産業や3次産業にまで踏み込むことで，農業に新たな価値を生み出し，雇用創出をも図る事業や活動と定義される（後久，2011）。つまり，農家が「コメや野菜といった作物を栽培して収穫し，それを（農協等に）出荷したら終わり」という従来の

あり方ではなく，加工や販売にまで自分で関わっていく，というあり方のことを指している（図表5－1）。

ここで，「農家」と書くと家族経営の個人農家をイメージされる方も多いかもしれない。もちろん，家族経営の農家が多い状況ではある。しかし，現在では複数の農家が集まって農業生産法人を設立したり，集落全体で「集落営農組織」と呼ばれる組織を作るなど，いわゆる「農家（農業者）」には大規模な法人も含まれるようになっている。よって，「農業者が加工や販売にまで関わる」

図表5－1　6次産業化のイメージ

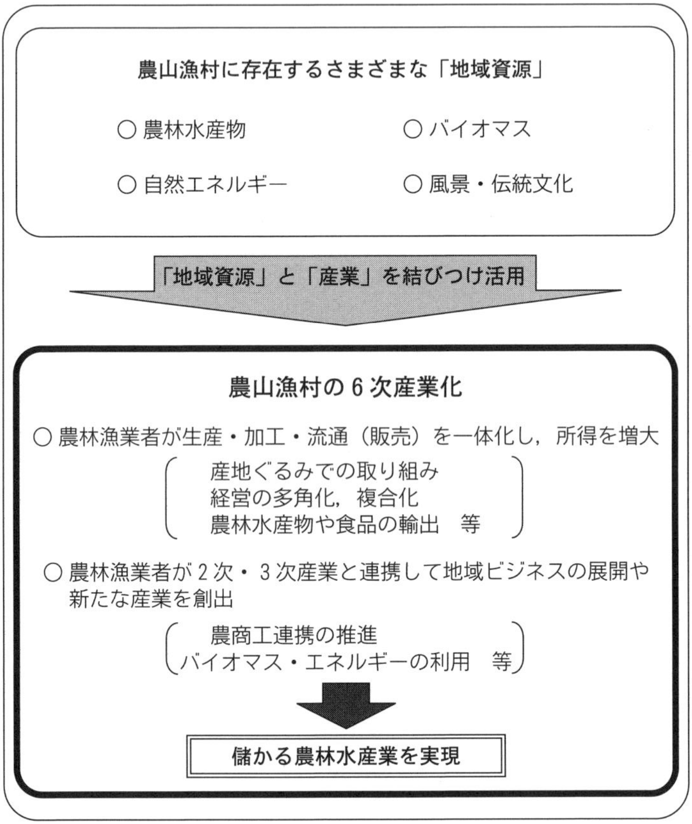

農山漁村に存在するさまざまな「地域資源」
○ 農林水産物　　　○ バイオマス
○ 自然エネルギー　○ 風景・伝統文化

「地域資源」と「産業」を結びつけ活用

農山漁村の6次産業化
○ 農林漁業者が生産・加工・流通（販売）を一体化し，所得を増大
　産地ぐるみでの取り組み
　経営の多角化，複合化
　農林水産物や食品の輸出　等
○ 農林漁業者が2次・3次産業と連携して地域ビジネスの展開や新たな産業を創出
　農商工連携の推進
　バイオマス・エネルギーの利用　等

儲かる農林水産業を実現

出所：農林水産省『6次産業化』パンフレットをもとに作成。

という場合には，実際は個人や家族だけでなく，さまざまな人が関わっていくということになる。このような流れは，農協が非常に大きな影響力を持ち，農家は農協に出荷する以外の方法がなかった時代には考えられなかったことである。しかし，インターネットが普及した現代においては，生産者は遠隔地の消費者とも直接取引を行うことが可能になっている。2007（平成19）年時点でのインターネット等を経由した形での小売業の電子商取引では，飲食料品が27％と最も多く，今後も生鮮食品や加工品の取引が活発化することが期待され，6次産業化を後押ししているといえる[1]。

　制度的には，2010（平成22）年12月に「地域資源を活用した農林漁業者等による新事業の創出等及び地域の農林水産物の利用促進に関する法律」（六次産業化・地産地消法）が公布されており，農業者による加工・流通・販売に対する支援体制が整いつつある。「6次産業化」という言葉は，もともとは東京大学名誉教授の今村奈良臣氏が1990年代に提唱した言葉である（今村，2010）。このように，以前からこのような取り組みは行われてきたものの，それが政策的支援体制の整備とともに再注目されるようになったといえる。またそれ以前にも，昔から農家自身が加工・販売に関わる機会は多かっただろう[2]。しかしながら，今村が6次産業化の理論的背景のなかで経済の進歩を前提としていることに対して，「現代日本の不況が続く状況においては，『6次産業化』の概念はそぐわないのではないか？」といった指摘もある（室屋，2012）。

　日本の農業は高齢化・兼業化が著しいと言われるが，そのなかで「集落営農」という組織形態が地域農業の担い手として各地に設立されている。このような集落営農による6次産業化が進む要因として，谷口（2012）は以下をあげている。すなわち，①農業経営要因として農産物価格の下落および経営効率化による投下労働時間の短縮があり，余った労働力を農業以外の加工や販売に向けることが可能になった。②農村において兼業機会が減少し，工場などでの賃金労働ではない形での現金収入源を確保する必要性が強まったことである。さまざまな主体的・内的要因に加え，外的要因・制度的要因が関係して6次産業化が進んでいるのが現状である。

## (2) 農商工等連携と6次産業化

　また，6次産業化と共に，近年注目される概念として「農商工連携」があげられる。「6次産業化」が農業者（農家／農業生産法人等）による農業生産（第1次産業）をベースとして，農業者自身が加工（第2次産業）や流通・販売（第3次産業）にまで事業を展開していく（後久，2011）のに対して，農商工連携とは，農業者・商工業者がそれぞれ独立した主体として，互いの強みを生かしながら連携していくことを指す。つまり，農商工連携といった場合には，もともと別の組織として存在していた農家や加工業者，それに販売業者などが連携して農産物のブランド化を図っている（図表5-2）。

　制度的には，「農商工等連携促進法」が2008（平成20）年7月に施行されており，こちらは全国の中小企業を支援する政策支援の一環と位置づけることができる。一方の「農業の6次産業化」は特に農業者を支援する制度と位置づけ

図表5-2　農業の6次産業化と農商工等連携の比較

|  | 6次産業化 | 農商工等連携 |
|---|---|---|
| 共通点 | ①1次産業，2次産業，3次産業の枠組みの共通性<br>②環境にやさしい地域資源を有効活用するという共通性<br>③「地域を活性化する」という目標の共通性 ||
| 相違点 | ①農林漁業が2次産業，3次産業に踏み込む | ①農商工等がそれぞれの強みを出し合う |
|  | ②農林漁業が主導（伝統的加工品が中心） | ②商工の主導が多い，畜産は畜産業主導<br>・農業者の主導が期待される |
|  | ③事業規模は千差万別だが1億円未満 | ③小規模～大規模まで幅広い |
| 法制度 | 地域資源を活用した農林漁業者等による新事業の創出等及び地域の農林水産物の利用促進に関する法律（六次産業化・地産地消法）(2010) | 農商工等連携促進法 (2008) |

出所：後久博『売れる商品はこうして創る―6次産業化・農商工等連携というビジネスモデル―』ぎょうせい，2011年をもとに作成。

られる。管轄省庁としては,「農商工連携」が経済産業省およびその傘下にある中小企業庁の主導で推進されていることに対して,「農業の6次産業化」は農林水産省の主導で進められている。もっとも,農商工等連携については,「農林水産省と経済産業省が連携してこの取組を支援」するという旨が明記されている。省庁間の連携がどの程度機能しているかについては,検証を待たねばならない。とはいえ,これらの制度によって,農業関係者が地域資源を活かした加工・販売を進めるための基盤が整備されていることも事実であろう。

以上,「農業の6次産業化」について詳しく見てきたが,次節では,6次産業化のために利用される地域資源の1つである「伝統野菜」について述べる。

## 3. 作物の栽培化の歴史と伝統野菜

そもそも,「伝統」野菜というのはどんなものなのか。京野菜(京都府),加賀野菜(石川県)などとしてブランド化が図られているものも各地に存在している。このようなブランド化がされていない伝統野菜も当然ながら全国に存在するが,明確に決まった定義があるわけではない。使われる場所や文脈によってさまざまな定義が存在するといえる。たとえば,ひょうごの在来種保存会は,その定義を「ある地域で,『世代を越えて』栽培種の保存が続けられ,特定の用途に提供されてきた作物の品種,系統」としている。

しかし,今でこそ伝統野菜と呼ばれる野菜にも,当然ながら「ただの野菜」であり「伝統のない時代」というものがあったはずである。さらに一歩踏み込んでみると,どんな野菜でも「雑草(野草)」だった時代があったはずだ。では,野菜を含めた作物は,いつごろから,世界のどこで栽培されるようになり,それが各国,各地域に伝わって「伝統」を持つようになったのだろうか。これについては,およそ1万年の時を遡ることが必要になる。少し歴史的・民俗学的な視点で見てみよう。

## （1）世界と日本における作物の栽培化の歴史

　世界の話に入る前に，まず，日本における作物の起源について触れておく。読者の方は，もともと日本に自生していた雑草から，われわれの祖先が栽培を始めた作物はどれくらいあると思われるだろうか。日本人の主食であるコメはどうか？　日本の食には欠かせない味噌や醤油，豆腐の原料になるダイズは？どちらも栽培化されたのは日本ではない。

　日本に祖先種（原種）が原生しており，そこから栽培化されたものは，ごく稀である。果物ではクリ・カキ・ニホンナシ，野菜ではフキ・ワサビ・ウド，工芸作物ではハッカは日本起源とされている[3]（星川，2003）。現在，日本においてこれだけ多様な作物が栽培（販売）されていることを考えると，これはいささかショッキングな事実である。しかし，歴史的にみるとダイコンはコーカサス（イラク辺り）・パレスチナ辺りで起源し，日本には10世紀より以前に渡ってきたとされる。また，ハクサイとなると地中海で起源し，中国でさまざまな品種が形成された後，日本の記録に登場するのは19世紀の初めである。古くは縄文時代～弥生時代における稲作の導入に始まり，さまざまな作物が海を越えて日本に伝わり，それが食文化をより多様なものにしてきた。現代においても，その流れは脈々と続いている。トマトは，最初に日本に持ち込まれた時には，「真っ赤で気味が悪い」ということで庶民に受け入れられなかったという。そのトマトは，現代の日本の食卓には欠かせない野菜の1つになっている。また，空芯菜，パプリカ，ズッキーニなどは，著者が幼少の頃には見たこともない野菜であったが，現在では普通にスーパーに並ぶようになっている。時代によって食べられなくなっていく品種もあると同時に，「未来の伝統野菜」となるべく現在でもさまざまな新品種が世界から導入されているのである。

　では，世界において，作物の栽培化はどのように行われるようになったのだろうか。これには，「文明」が深く関与している。というよりも，作物が栽培化され，それまでの狩猟・採集の時代と比較すると飛躍的に食料獲得の量と質が増えたことによって，人口が増え，それによって古代文明が形成されたと言い換えた方がいいかもしれない。具体的に見ていこう。

図表 5 － 3　作物の起源中心地

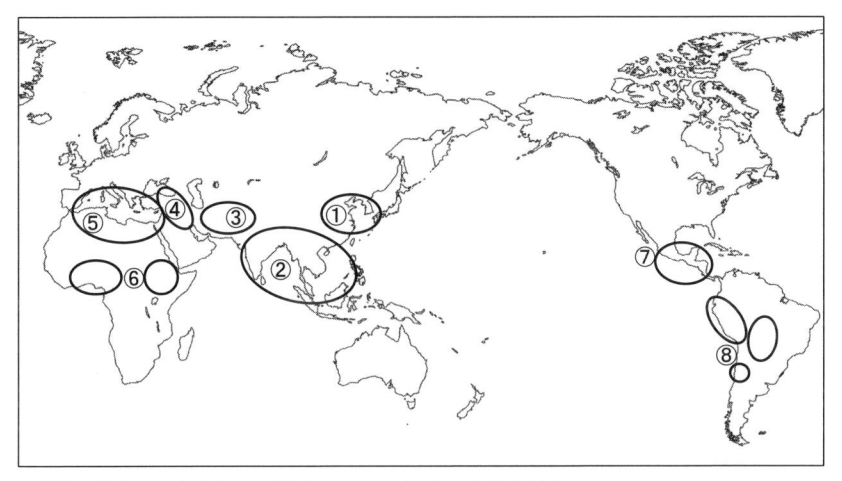

（注）番号は，本文および図表 5 － 4 における番号と対応。
出所：星川清親『栽培植物の起源と伝播改訂増補版』二宮書店，1987 年，p. 10 をもとに作成。

　まず，図表 5 － 3 は作物が起源したとされる中心地を世界地図上に示したものである。黄河文明（①），インダス文明（②），メソポタミア文明（④），エジプト文明（⑤）といったように，文明の発祥地が作物起源の中心地とも重なっている。メソアメリカ文明（⑦），アンデス文明（⑧）も同様である。次に，それぞれの起源中心地において栽培化された作物を整理したものが図表 5 － 4 である。日本でも馴染み深いイネや雑穀などは中国（①）やヒンドスタン（②）において栽培化されていることがわかる。コムギ・オオムギなどの作物は近東（④）で栽培化されている。イラクなどと聞くと，砂漠をイメージする方が多いと思われるが，チグリス川・ユーフラテス川にはさまれたメソポタミア地域において，これらの世界的に重要な作物が栽培化されたのである。他にもメキシコ南部（⑦）においてトウモロコシが，南アメリカでジャガイモが栽培化され，それぞれの文明を支えてきた。

　このようにして世界中でさまざまな作物が栽培化され，そこから各国に伝播し，さらには海を越えて日本に辿りつくのである。そして，日本の各地でその

図表5－4　世界各地で栽培化された作物

| 地区 | | 起源した作物 |
|---|---|---|
| ① | 中国地区 | キビ・ヒエ・ソバ・ダイズ・アズキ・ゴボウ・ワサビ・ハス・クワイ・ハクサイ・ネギ・ナシ・アンズ・クリ・クルミ・ビワ・カキ・チャ・ウルシ・クワ・チョウセンニンジン・ラミー・タケノコ・ヤマノイモなど。ダイコン・キュウリ・モモなどの2次中心地にもなっている。 |
| ② | ヒンドスタン地区 | イネ・シコクビエ・ナス・キュウリ・ユウガオ・サトイモ・ナガイモ・ショウガ・シソ・ゴマ・タイマ・ジュート・コショウ・キアイ・シナモン・チョウジ・ナツメグ・マニラアサ・サトウキビ・ココヤシ・オレンジ・シトロン・ダイダイなどミカン類、バナナ・マンゴー・マンゴスチン・パンノキなど。 |
| ③ | 中央アジア地区 | ソラマメ・ヒヨコマメ・レンズマメ・カラシナ・ゴマ・アマ・ワタ・タマネギ・ニンニク・ホウレンソウ・ダイコン・ピスタチオ・バジル・アーモンド・ナツメ・ブドウ・リンゴなど。 |
| ④ | 近東地区 | コムギ・オオムギ・ライムギ・エンバク・ウマゴヤシ・アマ・ケシ・アニス・メロン・ニンジン・パセリ・レタス・イチジク・ザクロ・リンゴ・サクランボ・クルミ・ブドウなど。 |
| ⑤ | 地中海地区 | エンドウ・ナタネ・サトウダイコン・キャベツ・カブ類・アスパラガス・パセリ・セルリー・ゲッケイジュ・ホップ・オリーブなど。 |
| ⑥ | アビシニア地区 | モロコシ・ササゲ・コーヒー・ヒマ・オクラ・スイカ・アブラヤシなど（最近は西アフリカ地域に起源中心地が考えられ、ヒョウタン・ゴマ・シコクビエ・ササゲなど）。 |
| ⑦ | メキシコ南部，中央アメリカ地区 | トウモロコシ・サツマイモ・カボチャ・ワタ・パパヤ・アボガド・カシュウナッツなど。 |
| ⑧ | 南アメリカ地区 | ジャガイモ・タバコ・トマト・トウガラシ・セイヨウカボチャ・ラッカセイ・イチゴ・パイナップル・キャッサバ・ゴムノキなど。 |

（注）番号は，本文および図表5－3における番号と対応。
出所：星川清親『栽培植物の起源と伝播改訂増補版』二宮書店，1987年，pp. 9-10をもとに作成。

土地の気候に合った作物が栽培されるようになり，地域の食文化を形成していった。それが，日本の「伝統野菜」の始まりである。

## （2）日本における伝統野菜の復権

　現代において，伝統野菜に関する記事は毎日のように新聞などのメディアで

見ることができる。では、伝統野菜というものは、これまでどのような変遷をたどってきたのであろうか。江戸時代～明治時代初期までは、①海外からの新たな作物の導入、②国内での伝播、③各地域の気候・風土に根差した特徴を持つ品種の分化、といった流れにより、作物としての多様性は増加していく傾向にあったと考えられる。しかし、それ以降となると状況が変わってくる。芦澤（2002）をもとに、明治後期から現代に至るまでの伝統品種の盛衰の過程を図表5－5にまとめた。たとえば、第二次大戦中は食料不足により穀物やイモ類などを中心的に栽培する状況になっていたため、伝統野菜（在来種）は衰退を強いられることになった。しかし、戦後は公的機関や種苗業者の協力によって、

図表5－5　近代～現代における野菜の伝統品種の盛衰

| 時代・年代 | 伝統品種に関わる出来事・特徴 |
| --- | --- |
| 明治後期 | 各県に農業試験場が設置。篤農家と連携して地方品種の整理・統一・原種改良を図る。<br>地域特産として栽培が奨励され、広く名が知られるようになった。 |
| 昭和初期～戦中 | 恐慌や戦争に伴う食糧不足により、主食を補完するイモ類などが偏重された。質より量が求められた時期で、地方品種は衰退を強いられる。 |
| 戦　後 | 戦時中に雑駁化していた品種の復活が図られる。公的機関・種苗業者が協力し、保存されていた品種が収集され、原種改良を実施。1950年代後半には、地方品種は戦前の水準まで復活。 |
| 1960年代 | 野菜の産地化が強まる。一代雑種（$F_1$）品種の育成が急速に進む。この時期は野菜の品種群ごとに優良$F_1$品種が育成され、品種の単純化はそれほど急速ではなかった。 |
| 1970年代 | 高度成長期、都市への人口集中に伴い、都市への生鮮食料の安定供給が急務となる。生産サイドには「単品・大量生産・大量供給」が求められた。栽培が容易で収量が多く、市場流通や利用に適したものが選択され、野菜の品種は急速に単純化。<br>（例：大根は全国各地にさまざまな色や形があったが、青首大根が市場を席巻することで全国各地のダイコンの品種が姿を消した） |
| 1980年代後半 | 「飽食の時代」。食生活が豊かになると同時に、高品質、新しい珍しいものへの需要が高まる。新野菜の導入、山菜の栽培化、香辛料の生産が活発化。地方野菜・地方品種の復権。 |

出所：芦澤正和「地方野菜の復権」、タキイ種苗株式会社出版部編『都道府県別　地方野菜大全』農山漁村文化協会、2002年、pp. 11-15をもとに作成。

地方品種は戦前の水準まで回復していく。ところが，1960年代から野菜の「産地化」が政策的に進められるようになると，品種の単純化が進んでいくことになった。ここからわかることは，伝統野菜・伝統品種と呼ばれるものは，各時代・時期において繁栄と衰退を繰り返しながら現代に至っていることである。社会的なニーズの影響を強く受けるといってもよい。

　しかしながら，$F_1$品種等の普及と共に品種の多様性は急速に減少している状況にある。また，中山間地域を中心に，細々と農家が栽培を続けてきた伝統品種は，高齢化や後継者不足により，ますます消失が進んでいる。一方，このような困難な状況に対して，公的機関であるジーンバンクにおいて，「伝統品種」を冷蔵庫・冷凍庫で保存している体制もできている。しかし，作物の品種は，毎年，農家が田畑で種を蒔き，栽培・収穫し，そこでできた種子を採取（自家採種）することによってはじめて，地域に根差した品種が維持されていくのである。

　よって，子孫に対して「未来の伝統野菜」を残していくためにも，各地域で現在の気候に適した作物を栽培し，品種を育成・維持していくことが，現代に暮らすわれわれにとって大切な役目となるのである。次節で取り上げる大和伝統野菜の取り組みは，このような歴史をつないでいく貴重な活動ということができる。「伝統野菜」保全の活動は，紹介し始めると枚挙にいとまがないが，著者が高校時代に熱心に読んだ漫画『美味しんぼ』に，京都の「辛味ダイコン」および岩手の「暮坪カブ」のエピソードがある（雁屋・花咲，1991）。メディアで取り上げられることによる長所・短所はあると思われるが，全国的な商業誌にこれらの作物が紹介されたことで，その栽培・保全によい影響があったことは確かであろう。

　ここで，現在の日本において，「誰が」伝統品種を栽培しているのかについて見てみる。日本での伝統品種の管理の在り方は，アフリカなどでの途上国における議論とは決定的に異なる面がある。それは，農業が政策によって強く保護されていることである。また，$F_1$品種が普及しているとはいえ，自給的農業を行っている兼業農家もかなり存在している。兼業農家の（自給的な）菜園

で，多くの伝統品種は現在でも栽培を続けられていると思われる。それとは別に，有機農業者による伝統品種の栽培も大きな役割を果たしている。肥料や農薬を多く使用する慣行農業と比べると，有機農業は伝統品種の栽培と親和性が高いということができる。以上，主に2つの主体について述べてきたが，今後の伝統品種の管理を考えるにあたって，この2本柱を分けて考える必要がある。両者の目的は同じかもしれないが，栽培に至るまでのプロセスはまったく異なる。また，この2つの主体とは別に，近年では都市とその近郊を中心に非農家による家庭菜園や市民農園での栽培も新たな動きとして注目される。

つまり，以下の3点に関する管理の在り方を意識して対策を考える必要がある。

① いわゆる農家のおばあちゃん（・兼業農家）が細々と作っているもの
② いわゆる「有機農業者」によってさまざまにつくられているもの
③ いわゆる「家庭菜園・市民農園」でつくられているもの

次節で紹介する奈良の事例は，この3つの中間と言える。正確に言えば，①の地域で受け継がれてきたものであるが，それを入植者であるリーダーが中心となり，②に近い形で生産している状況になる。ただし，そのリーダーは「有機農業」そのものを看板としてかかげているわけではない。菜園はリーダー夫妻やスタッフが自分たちの菜園（畑）で作っているため，③にも少しまたがっている。

以上，伝統野菜・伝統品種の歴史と現状に関して述べてきたが，次節ではいよいよ，奈良で伝統野菜を栽培しながら農業の6次産業化に取り組む活動について見ていく。

## 4．奈良における株式会社・NPO・営農組合が連携した農業の6次産業化

### （1）調査対象と方法

　奈良県奈良市の郊外に位置する中山間地域で大和伝統野菜を活用した6次産業化に取り組む「プロジェクト粟」を取り上げる。この活動では，株式会社，集落営農組織，NPO法人が連携して大和伝統野菜の栽培・保全，加工・販売に取り組んでいる[4]。

　このプロジェクトが行われている奈良市を訪問し，リーダーやメンバー，地域住民に対するインタビューを実施した。調査時期は，2010年11月～2012年7月であり，複数回にかけて行ったインタビューをもとに実態を分析する。各組織の運営状況や組織間の連携についての実態を整理し，その上で6次産業化を通じた直接的効果・波及効果について考察する。

### （2）暮らし育む伝統野菜

　本節では，奈良市高樋町に入植し，「プロジェクト粟」を始めた三浦雅之氏の活動の変遷を紹介しながら，順次設立されていった株式会社・NPO法人・集落営農組織の連携の状況について見ていく[5]。

　まず，「プロジェクト粟」とは，コミュニティ機能の再構築と地域創造を目標として，農家レストラン（株式会社），NPO法人，集落営農組織が連携し，高樋町を拠点として活動が展開されている。農家レストラン「清澄の里　粟」では，四季折々に栽培された大和伝統野菜が彩り豊かな料理に形を変えて提供されている。NPO法人「清澄の村」では，伝統野菜の調査研究と文化継承活動が行われている。地域の農家によって構成される集落営農組織「五ヶ谷営農協議会」では，伝統野菜の栽培・農産物供給が行われている（図表5－6）。

　プロジェクトの中心人物である三浦雅之氏は，伝統野菜を保全・利用しながら地域コミュニティの再構築を行っていくことを目標として，1998年頃から

図表5-6 「プロジェクト粟」に関わる組織

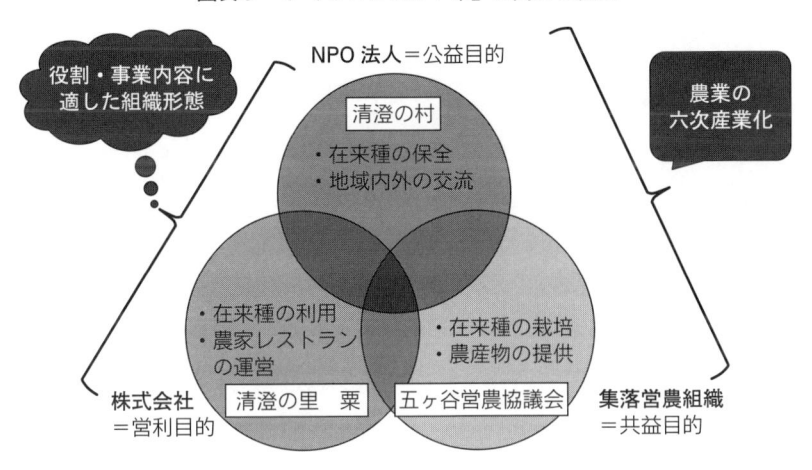

役割・事業内容に適した組織形態

NPO法人＝公益目的
清澄の村
・在来種の保全
・地域内外の交流

農業の六次産業化

・在来種の利用
・農家レストランの運営

・在来種の栽培
・農産物の提供

株式会社
＝営利目的
清澄の里　粟

五ヶ谷営農協議会
集落営農組織
＝共益目的

奈良市高樋町で活動を開始した。もともと福祉関係の研究所に勤務していた三浦氏は，看護師であった妻の陽子氏と共に仕事を辞めてからこの活動を始めた。まず，耕作放棄地を開墾しながら，近隣農家や奈良県内の農家を訪ね歩き，伝統野菜が各農家（家庭）で細々と栽培されていることを知っていった。当時，奈良県の農業情報・相談センターを訪問したものの，県には伝統野菜に関する情報がまったく蓄積されていなかったという。そこで，三浦氏は自分自身で各地を訪問するようになった。開墾は3年ほど続けるなかで少しずつ，畑になっていったが，一方で，経済的に厳しい状況になっていた。そこで，夫婦で話し合い，（1）NPO法人にするか，（2）レストランにするか，の2つから1つを選択することになった。三浦氏は，在来種のネットワーク活動を行うNPOを立ち上げたいと考えていたが，「まずは食っていかねば」，ということで夫婦の意見が定まったという。この時，陽子さんのレストランで生計を立てることが先決だという意見が背中を後押しし，レストランを開業することに決定した。

そのうち，伝統野菜の種子が三浦氏のもとに集まってくるようになる。2001年に農家レストラン「清澄の里　粟」を開店し，2005年にはNPO法人「清澄の村」を設立，2007年には集落営農組織「五ヶ谷営農協議会」の設立に関わ

復活した粟「むこだまし」を使った和菓子
後ろの瓶には2種類の小豆が。
出所：著者撮影。

農家レストラン「清澄の里　粟」の様子
さまざまな伝統野菜が展示されている。
出所：著者撮影。

った。その後，2008年には農家レストランを法人化（株式会社）し，順調に経営を拡大している。

　NPO法人では，毎年，150種の作物をメンバーで分担して栽培・自家採種している。150種類のうち，45種ほどが奈良の伝統種，残りは県外＋海外の品種となっている。この海外の品種は「エアルーム」と呼ばれる外国の伝統品種であるが，三浦氏は，奈良における「未来の伝統品種」の育成を目指して，これらの品種も積極的に導入していた。

　なお，現在では集落の方々と良好な関係を築いている三浦氏だが，開墾を始めた98年頃，集落の人たちは，三浦氏のことを怖がっていたという。ちょうどこの頃，新興宗教の活動が再び活発化していた時期でもあったため，大変警戒した人もいたようである。そんな三浦氏の言葉で印象に残っているものを1つあげておく。「最近では，（研究者などが）色々な言葉を作ってくれたことで，自分の活動がどんどん説明しやすくなってきた。」という言葉だ。「農業の6次産業化」や「農商工連携」もその1つであるし，「コミュニティビジネス」「ソーシャルキャピタル」「農家レストラン」といった言葉も，三浦氏が活動を始めた当初にはまだあまり使われておらず，自分たちの想いや活動を人に説明する際に非常に苦労したということだった。

## 5．おわりに

　株式会社・NPO・営農組合が連携しながら，伝統野菜の保全・生産・利用を協力して進めている状況は，一見すると「農商工連携」の活動のようにも見える。しかし，後述するように，活動の実態を見ていくと，活動をけん引する夫妻を中心としたネットワークにより各組織の運営が行われ，その一環としてNPO法人という形態が活用されていることがわかる。

　NPO法人では，伝統野菜の保全や芸術および普及・啓発活動といった公益的要素が強い活動を担当し，集落営農組織では，伝統野菜の共同栽培・集荷といった共益的要素が強い活動を，株式会社では，レストランの経営という収益活動を行っていた。特にNPO法人は，集落の内と外の人々を結びつけるプラットホームの役割を果たしていた。このように伝統野菜を生かした農業の6次産業化を進めるなかで，それぞれの役割に適した別組織を設立し，集落外の人間，集落内の人間，移住者等が連携して活動を展開することが，伝統野菜の保全や地域コミュニティの活性化に寄与していることが示唆された。

　伝統野菜（在来種）というものが，この取り組みでのカギとなる地域資源であったことは，ここまで本章を読み進めてくださった読者の方には自明であろう。ただし，「在来種の保全」というと，「とにかく保全しなくてはならない」という議論に陥りやすい。とはいえ，農家や保全に関わる人も生活していかねばならない。そして，「遺伝資源として在来種は貴重なので，広く保全していくべき」といくら声高に叫んでも，日本の社会に生きる以上，（いや，グローバル化の影響が及ぶあらゆる地域において）当事者が暮らしていけるような，「食っていけるような状態」でないと，彼らに「保全すべき」と訴えても，それは夢物語にしかならない。つまり「暮らしていける方策・形態」を探ることが必要となる。その意味で，今回の奈良県の事例は，非常に大切な示唆を与えてくれる。伝統野菜の保全とは，いいかえると「種子（たね）をいかにして地域で守っていくか」ということになる。

翻って考えると，「種子」に関する議論として，現在では2つの潮流があるように思われる。1つは，多国籍企業による種子の独占・寡占を容認・推進し，より効率のよい作物を作るべき，それを普及させるべき，という論調である。もう1つは，食料主権や農民の権利を守るため，あるいは農業における生物多様性の保全といった観点から，種子は地域において活用・保全されていくべきという論調である。前者は，その種子産業によって利益を得る人が支持するとともに，学問の世界では育種家に多いといえよう。育種家の論理はこうである。「技術発展によって，飢餓を救えるだけの食糧が生産できる」。確かに，緑の革命によって多くの人々が救われたことの意義は広く認められている。また，品種改良（＝育種）による収量の増加によって，世界はより多くの人口を養うことができるようになってきたのは事実である。しかし，現在，世界的に見れば食糧は余っている。すなわち，食料は絶対的に不足しているのではなく，その保有（分配）が偏っているということである（生源寺，2010）。

　よって，「保全すべき」と訴えるのであれば，在来種を保全しつつ，その関係者が経済的に暮らしていけるようなシステムにする方策を考える必要がある。本章では，NPOによる在来種の保全を調査するなかで，その答えに接近しようとしてきた。

　「清澄の里」は，都市近郊の里山に位置している。この地域はソーシャルキャピタルが高いとも言われている[6]。そこでは集落機能も維持されており，つながりやきずなが残っているためにそう評されるのだろう。では，この地域の人々はなぜ，在来種を作り続けることができたのだろうか。兼業農家が多く，自給的な作物栽培を行う余裕があったからであろうか。あるいは，「美味しいから」作り続けたというのが真の要因なのか，そこにどのような要因が関係するかを明らかにすることは意義があるといえる。しかし，これについては今後の課題としたい。

**謝辞・追記**

本章における調査の一部は，科学研究費補助金（挑戦的萌芽「地域における『食料主権』を支える種子システム研究」（研究代表者＝西川芳昭，課題番号 24658194））および名古屋大学研究拠点形成費補助金（グローバル COE プログラム）の若手研究者研究活動経費の助成を受けて実施された。記して感謝申し上げる。

## ［注］

（1）経済産業省（2009）によると，小売業における年間商品販売額のうち，電子商取引は 4.7 兆円（3.9％）となり，割合としては低いが増加傾向にあり，今後もさらに拡大していくことが見込まれる。電子商取引の内訳は，多い順に飲食料品 27％，各種商品（百貨店など）22％，自動車・自転車 10％，織物・衣服・身の回り品 9％，家具・じゅう器・機械器具 8％，医薬品・化粧品 7％，書籍・文房具 6％ などとなっている。

（2）たとえば，今村（2010）は，静岡のお茶産業は 6 次産業そのものだと述べているし，京都の「すぐき」は農家がすぐき菜を栽培し，それを農家自身がむろで発酵させて漬物にして販売している。このような例は全国にあるだろう。

（3）これは，世界で食べられているものがすべて日本原産であるということではない。たとえば，クリにはヨーロッパグリ，シナグリ，ニホングリが存在している（いずれも異なる種である）。このうち，日本起源はニホングリのみである。一方のカキは，中国や韓国，日本などで自生しているが，日本で栽培化されたものがヨーロッパや世界に普及したとされている。

（4）本節で紹介する奈良の事例を含めた国内の NPO による伝統野菜（在来種）の保全活動については，冨吉・西川（2012）を参照されたい。

（5）本節での記述は，インタビューの内容および三浦氏自身による新聞連載（三浦，2012）をもとにしている。

（6）インタビューにおいて三浦氏は，「伝統野菜が残っている集落（・家族）では，ソーシャルキャピタルが高いだろう」と述べている。このことについても，今後，他の地域を含めて検証していく必要がある。

## [参考文献]

芦澤正和「地方野菜の復権」,タキイ種苗株式会社出版部編『都道府県別　地方野菜大全』農山漁村文化協会,2002年,pp.11-16。

今村奈良臣「農業の6次産業化の理論と実践―人を生かす　資源を活かす　ネットワークを拡げる」,『SRI』静岡総合研究機構,第100号,2010年,pp.3-9。

雁屋　哲・花咲アキラ「薬味探訪問」,『美味しんぼ』小学館,第32巻,1991,pp.69-112。

経済産業省『2009　平成21年版　我が国の商業』,2009年。

後久　博『売れる商品はこうして創る―6次産業化・農商工等連携というビジネスモデル―』ぎょうせい,2011年。

生源寺眞一『農業がわかると,社会のしくみが見えてくる』家の光協会,2010年,p.46。

谷口憲治「集落営農の『6次産業化』と『コミュニティ・ビジネス』による農村振興」,『農業と経済』昭和堂,第78巻第5号,2012年,pp.24-36。

冨吉満之・西川芳昭「農業生物多様性の管理に関わるNPOの社会的機能と運営特性」,西川芳昭編著『生物多様性を育む食と農～住民主体の種子管理を支える知恵と仕組み～』コモンズ,2012年,pp.45-67。

農林水産省「6次産業化等による所得の増大」,『平成24年版食料・農業・農村白書』農林統計協会,2012年,pp.189-210。

農林水産省「中山間地域等直接支払制度とは」,2012年〈http://www.maff.go.jp/j/nousin/tyusan/siharai_seido/s_about/cyusan/index.html〉(2012年10月14日参照)。

星川清親『改訂増補　栽培植物の起源と伝播』二宮書店,2003年。

三浦雅之「朝日新聞　奈良版　連載『人生あおによし』」,2012年1月29日～2月25日,朝日新聞社。

室屋有宏「六次産業化の現状と課題～JAの役割を考える」,シンポジウム『6次産業化の進展と次世代農業経営者』基調講演,京都大学大学院農学研究科生物資源経済学専攻寄付講座「農林中央金庫」次世代を担う農企業戦略論講座,2012年11月10日。

# 第Ⅲ部
# 事例の部

中・先進国編

# 第6章

# 農村ツーリズムと地域住民
―スペイン・カナリア諸島サンタ・ブリヒダ市の事例―

畠中昌教 [久留米大学経済学部]
ロドリーゲス・ソコーロ・マリーア・デル・ピノ
Rodríguez Socorro María del Pino
[ラス・パルマス・デ・グラン・カナリア大学ツーリズム研究所 TiDES]

## 1. はじめに

### (1) 問題の所在

　近年においてツーリズムは経済・社会現象としてのみならず，研究対象としても注目されている。ツーリズムにはさまざまな形態が存在しており，ツーリズムの対象となるツーリズム商品もマーケットセグメント化やフレキシブル化によって多様化している。たとえば，本章で扱うスペインにおいては，大規模・無秩序・画一的な開発とされた地中海・島嶼部の「太陽と浜辺のツーリズム（turismo de sol y playa）」が1960年代から本格化し，開発対象となった地域社会に大きな影響を与えた。これに対して1980年代頃より，「太陽と浜辺のツーリズム」の負の側面への反省として，また農村部や山間部の経済・社会状況の悪化への対処手段として農村ツーリズムやエコツーリズムが注目された。ツーリズム現象は地域の経済・社会に対して正負の双方の影響を与える可能性があり，特に農村地域においてはそのような影響の現れ方が顕著になる。諸地域によるバランスのとれた発展基盤を確立することが期待できる一方で，同じ地域の自然・文化資源を回復不能にしてしまう危険もはらんでいる。

## （2）研究目的と位置づけ

　このような農村部におけるツーリズムの重要性をふまえて，本章ではスペイン・カナリア諸島（Islas Canarias）のグラン・カナリア（Gran Canaria）島にあるサンタ・ブリヒダ（Santa Brígida）市を対象として，自然・農村・文化を基盤にしたツーリズム活動の展開を，地域住民の果たした役割に注目しながら明らかにする。「太陽と浜辺のツーリズム」の主要対象地であるグラン・カナリア島において，サンタ・ブリヒダ市のような内陸部の自治体を取り上げるのは，多様な自然・文化遺産を魅力とするサンタ・ブリヒダ市のツーリズムを分析することにより，カナリア諸島において研究の蓄積が必要なテーマに貢献することを意図してである。

　カナリア諸島のツーリズムに関する研究は4つに分類できる。第1に，カナリア諸島の近代ツーリズムの黎明期の18～19世紀前半における科学者や外交官の現地および帰国後の活動に関する研究がある[1]。第2に，19世後半～20世紀半ばにおける近代ツーリズム活動の拡大と関連インフラの整備過程に関する研究がある[2]。第3に，1960年代以降の海岸部における大規模マスツーリズム開発が地域の経済や社会に与えた影響についての研究がある[3]。第4に，近年新しいツーリズムとして導入された農村ツーリズム，文化ツーリズム，エコツーリズムなどに関する研究がある[4]。以上，カナリア諸島に関するツーリズム研究を概観した。本章の内容は，研究の蓄積が十分とはいえない第2と第4のカテゴリーに含まれる。

## （3）対象地域の概要

　本章の対象地域であるサンタ・ブリヒダ市は，カナリア諸島グラン・カナリア島の北東側内陸部に位置する。カナリア諸島はアフリカ大陸北西海岸沖の大西洋に浮かぶ火山群島であり，北緯27度37分～29度25分，西経13度20分～18度10分の間に位置している。この諸島を構成する主な島は，ラ・パルマ（La Palma），エル・イエーロ（El Hierro），ラ・ゴメーラ（La Gomera），テネリーフェ（Tenerife），グラン・カナリア（Gran Canaria），フエルテベントゥー

図表 6 - 1　カナリア諸島

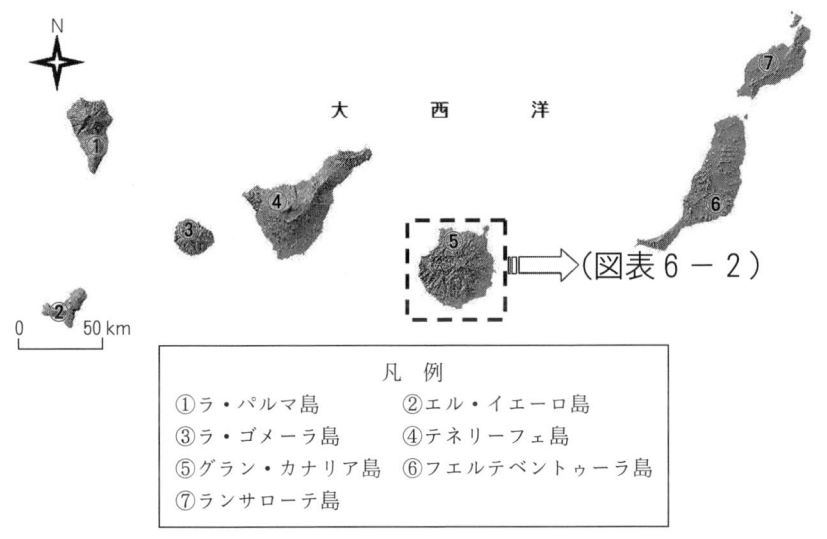

出所：GRAFCAN, "Modelo digital de sombras",
　　　URL〈http://visor.grafcan.es/visorweb/〉, 2013 年 1 月 4 日閲覧。
　　　より筆者作成。

ラ（Fuerteventura），ランサローテ（Lanzarote）の 7 つである（図表 6 - 1）。行政的にはスペイン領となっているが，フエルテベントゥーラ島がアフリカ大陸の北西海岸まで 100 km 弱に位置するのに対し，スペイン本土までは約 1,400 km 離れているため，EU の超辺境地域（región ultra periférica）と呼ばれる。2011 年現在の人口は約 213 万人，面積は約 7,493 km$^2$ である。火山活動と浸食作用によって生じた地形は起伏に富み，最近生じた溶岩原では地盤表面の風化さえ進んでいないなど，居住環境は厳しい。カナリア諸島は全体として亜熱帯気候区に属するものの，西側から東へ向かうに従って次第に乾燥する。また，それぞれの島でも高度によって，あるいは北斜面か南斜面かによって気候条件が変化する。カナリア諸島を生物気候区分すると，高度によってコスタ（costa）と呼ばれる海岸部，メディアニア（medianía）と呼ばれる中腹部，クンブレ（cumbre）と呼ばれる山頂部の 3 つに分類可能である。このなかで海岸部と

中腹部はさらに，曇りがちで湿気と雨量の多い北斜面と，乾燥して雨の少ない南斜面に分かれる（Morales Matos y Macías Hernández, 2003：262-263, 266）。

グラン・カナリア島はカナリア諸島のほぼ中部，北緯 27 度 44 分〜28 度 11 分，西経 15 度 21 分〜15 度 50 分の間に位置し，2011 年現在の人口は約 85 万人（カナリア諸島第 2 位），面積は約 1,560 km$^2$，中心に位置する火山で最高峰（1,949 m）のラス・ニエベス（Las Nieves）山を頂点とした直径約 40〜50 km の円錐形に近い形状である（図表 6 − 2）。島の地形は大きく北東側と南西側に分かれ，北東側は多数の峡谷が入り組んだ複雑な地形をしており，逆に南西部はより広い峡谷が斜面や尾根で区切られる。気候は 1 年を通して温暖で，年間平均気温は 20℃，降水量は年間 100〜1,000 mm と幅がある（Morales Matos y Santana Santana, 1993：30）。

グラン・カナリア島の土地利用は，高度によってコスタ（海岸部），メディア

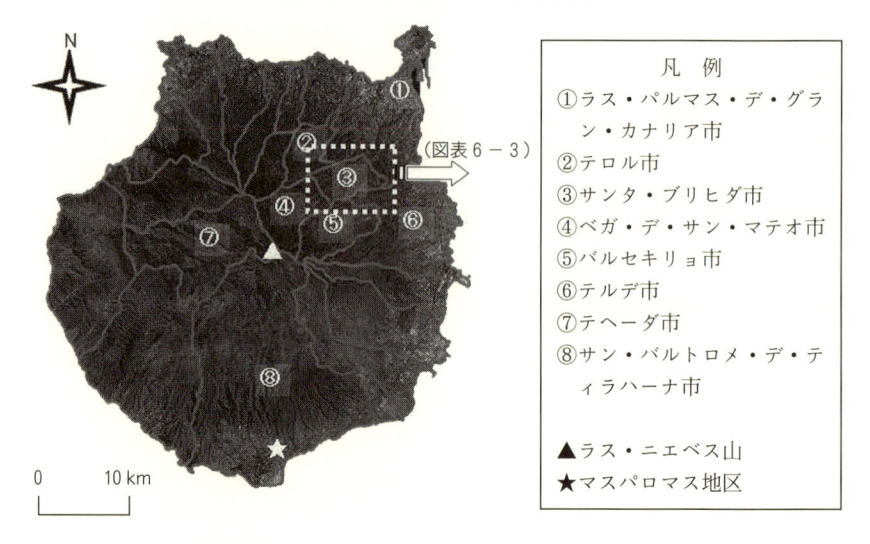

図表 6 − 2　グラン・カナリア島

凡　例
① ラス・パルマス・デ・グラン・カナリア市
② テロル市
③ サンタ・ブリヒダ市
④ ベガ・デ・サン・マテオ市
⑤ バルセキリョ市
⑥ テルデ市
⑦ テヘーダ市
⑧ サン・バルトロメ・デ・ティラハーナ市

▲ ラス・ニエベス山
★ マスパロマス地区

出所：GRAFCAN, "Cartografía Estadística (ISTAC)", URL〈http://visor.grafcan.es/visorweb/〉，2013 年 1 月 4 日閲覧 グラン・カナリアより筆者作成。

ニア（中腹部），クンブレ（山頂部）と3区分され，コスタは伝統的に輸出作物，メディアニアは島内部の市場向け作物，クンブレは自家消費用作物を作るように土地利用が分化していた。グラン・カナリア島の農業活動・人口は水や気温など条件の良かった北東部に集中していた。一方1960年ごろより，島の東～南海岸部を中心に空港や高速道路などの整備が行われ，乾燥して農業利用や人口が希薄であった島の南側において，サン・バルトロメ・デ・ティラハーナ（San Bartolomé de Tirajana）市のマスパロマス（Maspalomas）地区を筆頭に大規模ツーリズム開発が行われ，ツーリズム活動の中心は1970年代末には北東部にある主都周辺から南部に移動した（Ibid.：30-31, 40）。

　主な経済活動は伝統的には農業であったが，近代から商業・サービス業・港湾活動が拡大し，19世紀半ばからツーリズム活動が加わった。1960年以降は農業の比重が減少し，1960年に約38％であった農業就業比率は1990年にはわずか10％となった。反対に1990年のツーリズム関連産業を中心としたサービス業就業比率は68％で，これに加えてツーリズムに関係の深い建設業の就業比率は10％，同年のグラン・カナリア島GDPの約74％がツーリズム関連産業から生み出された（Ibid.：33-34）。ツーリズム関連産業と建設業に偏った経済の弊害はかねてより指摘されていたが，2007年以降の経済不況によって建設業・ツーリズム関連産業共に失業者が増加しており，失業率は30％を超え，EU，両アメリカ大陸，アフリカなどへ出稼ぎに行く若者も少なくない[5]。

　本稿の対象地域となるサンタ・ブリヒダ市は，グラン・カナリア島の北東側斜面のメディアニアに位置し，同島の主都であるラス・パルマス・デ・グラン・カナリア市から道路で南西へ14 kmの地点にある。サンタ・ブリヒダ市の行政境界は，北西側がテロル（Teror）市とラス・パルマス・デ・グラン・カナリア市に接し，北東側はラス・パルマス・デ・グラン・カナリア市に接する。南側はバルセキリョ（Valsequillo）市とテルデ（Telde）市に接し，南西側はベガ・デ・サン・マテオ（Vega de San Mateo）市と接する（Ayuntamiento de Santa Brígida, 2009：21）。市域は不規則な長方形となっていて，面積は約23.8 km$^2$，2011年の人口は約1.9万人である（図表6－3）。同市域の大半はギニグアダ

図表 6 − 3 サンタ・ブリヒダ市

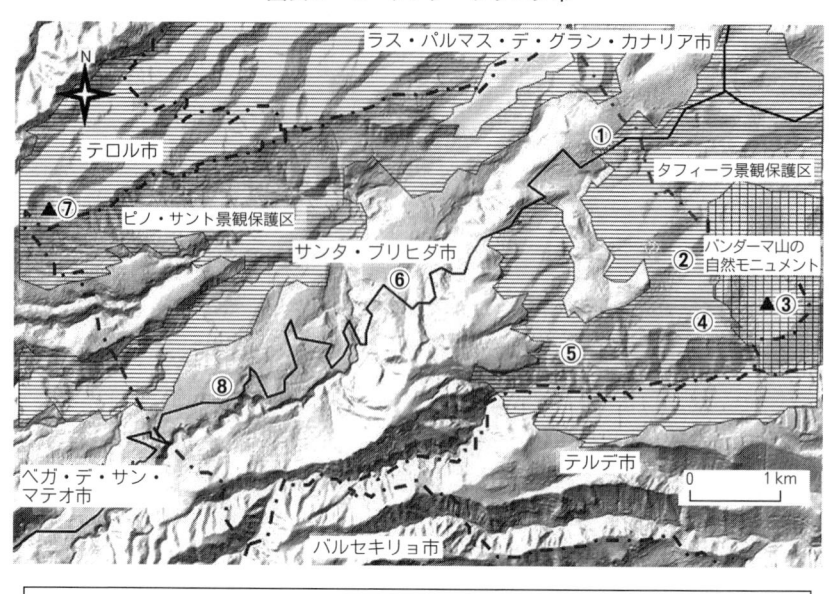

凡　例
- ︎ 市の境界線
- 景観保護区
- ①エル・モンテ・レンティスカル地区
- ③バンダーマ山・カルデラ
- ⑤ラ・アタラーヤ集落
- ⑦ピノ・サントのカルデラ
- 中央幹線道路
- 自然モニュメント
- ②モナカル集落
- ④ラス・パルマス王立ゴルフクラブ
- ⑥サンタ・ブリヒダ市の中心部（ビリャ）
- ⑧エル・マドロニャル地区

出所：①GRAFCAN, "Espacios Naturales Protegidos", "Mapa Topográfico 1:20.000", "Mapa Topográfico Integrado", "Modelo digital de sombras", URL〈http://visor.grafcan.es/visorweb/〉，2013 年 1 月 4 日閲覧；②サンタ・ブリヒダ市役所ウェブサイト，"Villa de Santa Brígida Mapa"〈http://www.santabrigida.es/component/option,com_docman/task,doc_download/gid,301/Itemid,30/〉，2012 年 1 月 30 日閲覧より筆者作成。

（Guiniguada）峡谷の上流〜中流にあって起伏に富み，幅の広い尾根，小さい谷，多数の窪地からなる。この地形は，さまざまな年代の火山活動と雨水の浸食作用などによって形成され，火山地形として最も有名なものはバンダーマ（Bandama）山とそのカルデラ，ピノ・サント（Pino Santo）のカルデラである。

サンタ・ブリヒダ市の気候は1年を通して穏やかであり，ある程度の降水量が得られ湿度が高く，日照時間が少ない。雨は冬から春にかけて多く，冬だけで1年の半分近くの降水量がある（Ibid.: 21-28）。

　現在のサンタ・ブリヒダ市にあたる場所には，紀元前後より原住民が粗放な農耕や果樹採取によって生活しており，タサウテ（Tasaute）と呼ばれていた。15世紀になってカスティーリャ王国による植民が行われると，水が豊富で土地も肥沃であったことからラ・ベガ（La Vega）と呼ばれ，農業と牧畜が発達した。ラ・ベガは現在のサンタ・ブリヒダ市に加えて，近隣のベガ・デ・サン・マテオ市とテヘーダ（Tejeda）市の領域を含んでいたが，後に市域が分割され現在のサンタ・ブリヒダ市となる。16世紀初頭にはギニグアダ峡谷の開けた部分で輸出用のサトウキビの栽培と砂糖生産が広まったものの，同世紀の後半には衰退した。16世紀後半からはエル・モンテ・レンティスカル（El Monte Lentiscal）地区[6]を中心にブドウ栽培とワイン製造が盛んになり，17世紀になると島内消費用の穀物，野菜，果物の栽培が盛んになった。ワイン生産は19～20世紀に停滞するものの，21世紀に入ってから行政やワイン製造業者の努力によって復活しつつある。また，ラ・アタラーヤ（La Atalaya）集落ではマイノリティ・コミュニティにより製陶が営まれてきたが，20世紀後半には衰退した（Ibid.: 49-61）。

　20世紀半ばまでのサンタ・ブリヒダ市はグラン・カナリア島内陸部の農業中心地の1つであったが，1960年以降はカナリア諸島における農業活動の停滞と大規模ツーリズム開発の進展という影響を受け，農業活動が停滞し，第三次産業と建設業の比重が増加した。その結果，果樹園，野菜畑，ヤシ林，昔からの集落など農村景観のなかに，新しく集合住宅やセカンドハウスが建設され，ベッドタウンとしての性格を持つようになった（Ayuntamiento de Santa Brígida 2009: 57；サンタ・ブリヒダ市役所ウェブサイト）。

## （4）方　法

　以下の節では，サンタ・ブリヒダ市における近代ツーリズムの発展・衰退過

程を整理した上で（第2節），近年においてサンタ・ブリヒダ市で試みられている新たなツーリズム開発と地域住民の役割を示す（第3節）。分析に使用する資料は，関連書籍・論文，公共・民間機関が発行する調査報告書・統計・パンフレット・地図類，ウェブサイトに掲載された情報，現地調査における聞き取りと観察結果である。現地調査は，畠中が2011年3月にグラン・カナリア島で実施した。共著者であるロドリーゲス・ソコーロはグラン・カナリア島在住であり，サンタ・ブリヒダ市に関する研究を10年以上継続している。

## 2．サンタ・ブリヒダ市における近代ツーリズム

### （1）ツーリズム資源の発見とツーリズム活動の拡大（1890～1914）

　カナリア諸島の近代ツーリズム活動は19世紀半ばよりイギリス人によって始まった。サンタ・ブリヒダ市のエル・モンテ・レンティスカル地区は，ラス・パルマス・デ・グラン・カナリア市，テネリーフェ島のサンタ・クルス・デ・テネリーフェ（Santa Cruz de Tenerife）市，ビリャ・デ・ラ・オロターバ（Villa de La Orotava）市，テイデ（Teide）山と共に，カナリア諸島のツーリズム対象地の代名詞となった。当時のエル・モンテ・レンティスカル地区の魅力は，1年中を通じて穏やかな気候[7]，グラン・カナリア島の主都近郊に位置すること，バンダーマ山の雄大な景観と眺望，ブドウ栽培景観，ラ・アタラーヤ集落の洞窟住居と陶器工場[8]，好熱性樹木，調和のとれた農村景観などであった（Santana Santana y Rodríguez Socorro, 2007）。

　19世紀には多くの科学者や旅行者がエル・モンテ・レンティスカル地区を訪れ，その価値をヨーロッパ全土に広めた。そのような科学者には，地質学者のフォン・ブーフ（L. von Buch, 1774～1853），博物学者のベルトロ（S. Berthelot, 1794～1880），人類学者のバニュウ（R. Verneau, 1852～1938），探検家のバートン（R. F. Burton, 1821～1890），ストーン（O. Stone, 生没年不詳）が含まれる。19世紀末になると，エル・モンテ・レンティスカル地区は，イギリス人が所有するキニーのベリャ・ビスタ・ホテル（Quiney's Bella Vista Hotel）とサンタ・

ブリヒダ・ホテル（Santa Brígida Hotel）という2軒の高級ホテルを有していた。このようなホテルの周辺では乗馬やエクスカーションが行われていた。エクスカーションの行き先は，近郊のベガ・デ・サン・マテオ市，テルデ市，テロル市などもあったが，最も代表的なコースにはエル・モンテ・レンティスカル地区のワイン倉，ラ・アタラーヤ集落，バンダーマ山のカルデラが含まれた。しかしながら，発展していたレジャー活動は，20世紀前半の戦乱によって中断することになる。

### （2）ツーリズム活動の停滞と再始動（1914～1960）

第一次世界大戦，スペイン内戦，第二次世界大戦という長期にわたる停滞と中断（1914～1945年）の後，1940年代末よりカナリア諸島におけるツーリズム活動は再開した。しかしながら，イギリス人が主役であった19世紀後半とは異なり，20世紀中盤のツーリズム活動においてはカナリア諸島の地域住民がツーリズム開発の一部を担い，公的部門がインフラ整備計画を行い，私的部門は新たなホテル設備の建設を進めた。このようなツーリズム開発推進のため，1934年よりツーリズム組合（Sindicato de Turismo）が設立され，同組合の中核を担ったフェルナンデス・デ・ラ・トーレ（N. M. Fernández de la Torre, 1887～1938）によってツーリズム開発のための戦略計画が作成された。

フェルナンデス・デ・ラ・トーレによる戦略計画は，1940年代のカナリア諸島のツーリズム関連インフラ整備に影響を及ぼしたと思われる。エル・プエブロ・カナリオ（El Pueblo Canario）やパルケ・ホテル（Hotel Parque）といった新しい大規模施設がラス・パルマス・デ・グラン・カナリア市で建設され，クルス・デ・テヘーダのパラドール（El Parador Nacional de la Cruz de Tejeda）も作られた。1914年に閉鎖されたホテル・サンタ・カタリーナ（Hotel Santa Catalina）とホテル・サンタ・ブリヒダも再建され，カナリア諸島の主要な景勝地には小展望台が配置された。バンダーマ山にも小展望台が設置され，1950年代から1990年代末まで稼働した。このような一連のインフラ整備は，ツーリストがより長期滞在することを意図するのみならず，大西洋航路の途中でカ

ナリア諸島に短期滞在する通過客を獲得することも狙っていた（Santana Santana y Rodríguez Socorro, 2007）。

エル・モンテ・レンティスカル地区は，かかる新たな状況に対して，ラ・ブエルタ・アル・ムンド（La Vuelta al Mundo）と称するエクスカーションを考案して対応しようとした。その経路は，主都のラス・パルマス・デ・グラン・カナリア市を出発し，テルデ市，テルデ市のラ・イゲラ・カナリア（La Higuera Canaria）集落，バランコ・デ・ラ・アンゴストゥーラ（Barranco de la Angostura），ラ・アタラーヤ集落，バンダーマ山の順番で周遊した後に主都に再び帰ってくる内容であった。エル・モンテ・レンティスカル地区内の活動としては，ラ・アタラーヤ集落に立ち寄って陶器を購入し，バンダーマ山の展望台では目前のカルデラからグラン・カナリア島北東部にかけての眺望を楽しみ，食事もできる休憩所では地元産のワイン，ソフトチーズ，ケーキを購入できた。1960年には「ラ・ブエルタ・アル・ムンド」を歌った「エル・タルタネーロ」が作曲され，グラン・カナリア島で流行した（Ibid.）。

ホテル・サンタ・ブリヒダは1914年の火災によって閉鎖されたが，フェルナンデス・デ・ラ・トーレの指揮によって修復され，1948年よりキニー（A. H. Quiney, 生没年不詳）が経営し，1956年からは息子のキニー（G. Quiney, 生没年不詳）が経営を引き継いだ。ホテル・サンタ・ブリヒダの正面には，両大戦後のツーリズム再開の柱の1つとなるベンタイガのバル・レストラン（El Bar-Restaurante Bentayga）が1948年に開店した[9]。ベンタイガはサンタ・ブリヒダ市の中央幹線道路に面しており，バンダーマ山に向かう道路にも近かったことから，ツーリズム活動の主要軸となった。

### （3）マスツーリズムの陰で（1961～1990）

しかしながら，サンタ・ブリヒダ市のツーリズム活動は1960年代から再び衰退する。ツーリストの好みが変化して「太陽と浜辺」を求めるようになったからである。海岸部がないため，サンタ・ブリヒダ市の役割はグラン・カナリア島住民のレジャー対象地へと格下げされた。ホテル・サンタ・ブリヒダは

1965 年に閉鎖され，ツーリストの購入によって維持されていたラ・アタラーヤ集落の陶器製造も衰退した。

## 3．サンタ・ブリヒダ市における近年のツーリズム活動の再生と地域住民

　近年になって地域文化と関連したレジャー活動の需要が増加する傾向は，サンタ・ブリヒダ市が自然と文化を核としたツーリズム対象地として再生する可能性を示している。以下では，近年にサンタ・ブリヒダ市で試みられているツーリズム開発と，そこにおける地域住民の役割をみてみよう。

### （1）自然保護空間の設置

　サンタ・ブリヒダ市における自然保護制度の適用は，グラン・カナリア島議会（Cabildo Insular de Gran Canaria）がバンダーマ山付近の景観保全計画に着手したのが始まりである（1983 年）。しかしながら自然保護制度の制定は容易ではなく，紆余曲折の末 2000 年にタフィーラ景観保護区（Paisaje Protegido de Tafira）が州政府によって設置され，サンタ・ブリヒダ市東部が保護される

**写真 1　バンダーマ山のカルデラ**
出所：2011 年，ロドリーゲス・ソコーロ撮影。

ことになった（図表6-3を参照）。タフィーラ景観保護区には，バンダーマ山とそのカルデラ，エル・モンテ・レンティスカル地区，ラ・アタラーヤ集落などが含まれ，ゾーニングによって5段階の保護レベルが指定されている。この他にサンタ・ブリヒダ市に適用されている自然保護制度としては，タフィーラ景観保護区と重なる形でバンダーマ山の自然モニュメント（Monumento Natural de Bandama）があり，さらにサンタ・ブリヒダ市の西部にはピノ・サント景観保護区（Paisaje Protegido de Pino Santo）がある（グラン・カナリア島議会ウェブサイト；カナリア州政府ウェブサイト）[10]。

## （2）ワイン生産の復活

　タフィーラ景観保護区の一部となったバンダーマ山付近の火山性の土地では，伝統的にブドウ栽培・ワイン生産が行われていた。18世紀末からワイン生産は停滞していたところ，タフィーラ景観保護区制定を契機に，停滞していたワイン生産を活性化させるためにモンテ・レンティスカル地区ブドウ栽培・ワイン製造業者協会（La Asociación de Viticultores y Bodegueros de Monte Lentiscal）が設立され（1994年），原産地呼称（Denominación de Origen，以下，DOと略）取得のための活動を開始し，1999年にはDOモンテ・レンティスカルが認定された。平行して，グラン・カナリア島の他のワイン生産地域でも原産地呼称設立が進められており，2000年にDOグラン・カナリアが成立した。2004年よりグラン・カナリア島の2つのDOを統一する動きがあり，2006年にDOグラン・カナリアへと原産地呼称が統一され，DOモンテ・レンティスカルは，同DO中の別呼称として残った。2009〜10年時点で，DOグラン・カナリアでは約230ヘクタールのブドウ畑からブドウが収穫され，赤・白ワイン合計約13.4万リットルが生産された。同DOでは赤ワイン生産が多く，使用できるブドウの種類は複数あるものの，一番多く使われるのはカナリア諸島の伝統種であるリスタン・ネグロ（listán negro）とリスタン・ブランコ（listán blanco）である。同地区のモナカル集落にはワイン博物館[11]も設置され，ツーリストを受け入れている（DOグラン・カナリアウェブサイト；スペイン環境・農林・海洋省

ウェブサイト；Santana Santana y Rodríguez Socorro, 2007）。

## （3）ラ・アタラーヤ集落の製陶業

　ラ・アタラーヤ集落の製陶業は，利益が低かったことや，製陶業を担っていたマイノリティ・コミュニティ[12]がカナリア諸島の一般住民と混血して消滅したことから，衰退傾向にあった。ラ・アタラーヤ集落の特徴であった洞窟住居も，洞窟の上に通常の住宅が建て増しされた結果，特徴ある景観が消えていった。1970年代ごろより一部の地域住民によって，残り少ない製陶工から技術を学び発展させようという動きが出てきた。1995年にはラ・アタラーヤ集落陶芸専門家協会（Asociación de Profesionales de la Loza de La Atalaya, ALUD）が設立され，1997年にはラ・アタラーヤ集落陶芸センター（Centro Locero de La Atalaya）が開館した[13]。この他にも1990年代に陶土採集を題材とする祭が始まったほか，元陶芸工の家がエコ・ミュージアムとして整備され，最後の製陶工による洞窟住居兼陶芸スタジオも開かれた（ラ・アタラーヤ集落陶芸センターウェブサイト；Santana Santana y Rodríguez Socorro, 2007）。

**写真2　ラ・アタラーヤ集落**

説明：この集落の住民は洞窟住居に住む閉鎖的なコミュニティで，ブドウ栽培と製陶業で生計を立てていた。19世紀〜20世紀のツーリストは，特有の景観，ろくろを使わない原始的な製陶法，固有の文化に惹きつけられた。
出所：2010年，ロドリーゲス・ソコーロ撮影。

## (4) テーマ別ツーリズム・ルートの提案

　ここまで述べてきた近年の変化を前提として，サンタ・ブリヒダ市の持つ自然・文化資源を見直し，ツーリズムに活用しようとする動きが出てきた。同市により広範な調査が実施され，市全域をハイキングルートとするガイドブックが出版された（Ayuntamiento de Santa Brígida, 2009）。一方，本章の共著者であるロドリーゲス・ソコロロは，サンタ・ブリヒダ市のツーリズム開発の歴史を整理した上で，21世紀初頭時点の自然・文化資源を総合的に調査し，4つのツーリズム・ルート（図表6－4）として提案する博士論文を提出した（Rodríguez Socorro, 2004）。この提案はサンタ・ブリヒダ市によって採用され，2010年にパンフレットが作成されたもので，ツーリストにとって新たな魅力を提示し，地域住民からも一定の支持がある。今のところ，このツーリズム・ルートは地元ガイドが案内しているものの，グラン・カナリア島全体のエクスカーション

**図表6－4　新たに提案されたツーリズム・ルート（2004～2010年）**

| ツーリズム・ルートの名称 | 魅　力 | 位　置 | 面　積 | 自然保護制度 | 関係組織 |
|---|---|---|---|---|---|
| ブドウ栽培・ワイン製造と火山灰地 | 複雑な火山地形，火山灰地を利用したブドウ栽培，カルデラ内部にある先史時代の遺跡 | エル・モンテ・レンティスカル地区，バンダーマ山付近 | 325.7 Ha | バンダーマ山の自然モニュメント | ブドウ栽培・ワイン製造業者，地元の宿泊飲食業関係者，サンタ・ブリヒダ市ツーリズム課，ツーリズム・ガイド |
| 農業と牧畜業 | 好熱性樹木，伝統的農業景観，アロンソ峡谷北斜面の柱状節理 | サンタ・ブリヒダ市の西部，ピノ・サント地区 | 548.0 Ha | ピノ・サント景観保護区 | 地元の宿泊飲食業関係者，サンタ・ブリヒダ市ツーリズム課，ツーリズム・ガイド |
| 歴史的地区 | 宗教施設，公共施設，公園 | サンタ・ブリヒダ市の中心集落（ビリャ） | | | 地元の宿泊飲食業関係者，サンタ・ブリヒダ市ツーリズム課，ツーリズム・ガイド |
| ラ・アタラーヤの製陶集落 | 陶芸センター，洞窟住居を起源とする集落景観，祭 | ラ・アタラーヤ集落 | | タフィーラ景観保護区 | ラ・アタラーヤ集落の製陶業者，地元の宿泊飲食業関係者，サンタ・ブリヒダ市ツーリズム課，ツーリズム・ガイド |

出所：Rodríguez Socorro（2004：267-270），関係者への聞き取りより筆者作成。

に組み入れられていないという制約がある[14]。

## (5) 農村ツーリズム

　1990年代以降，カナリア諸島のツーリズムにとって新たな動きとなったのが農村ツーリズム（turismo rural）の普及である。グラン・カナリア島では1995年よりGRANTURAL[15]が組合方式で活動しており，会員の予約窓口となっている他，語学サービス，設備改善，プロモーション，地元産の農業，牧畜，工芸品のプロモート，伝統製品の復活プロジェクトなどを行っている[16]。

　サンタ・ブリヒダ市では伝統的に自然・文化資源，農村景観などがツーリズムの魅力となっていたが，宿泊施設自体は主都か集落内にあるホテル・ペンションであった。これに対して農村ツーリズム[17]は，農村部にある農家の一部を改修して宿泊可能にしたもので，より身近に自然環境や農業と接する点が従来の宿泊施設とは異なる。

　一例としてサンタ・ブリヒダ市西部のエル・マドロニャル地区にある農村ツーリズム施設を取り上げる。銀行員であったL氏は，銀行勤務と平行して農業・農村ツーリズム専業となる準備を進め，後に独立した。現在では家族と職員数名を雇用して，農村ツーリズム（宿泊，会議施設），各種活動，果物や野菜のエコロジカルな栽培を行い，15年目となる2011年現在の年収は銀行時代より多

**写真3　エル・マドロニャル地区にある，L氏所有の農村ツーリズム施設**
説明：左の写真は農村ツーリズム施設へのアプローチ。左側には柑橘類の果樹園
　　　が見える。右側は農村ツーリズム施設の寝室。
出所：2011年3月，畠中昌教撮影。

くなった。農村ツーリズムで使用している家屋は築100年以上のものを改装しており，ドイツ人を中心とした外国人とスペイン人が主な客層で，農村宿泊施設や農園のなかで静かに過ごす客が多いという[18]。

## 4．おわりに

　本章では，カナリア諸島のサンタ・ブリヒダ市を対象地域として，ツーリズム活動の展開と地域住民の役割について概観した。19世紀後半にイギリス人主導でツーリズム活動が始まり，20世紀前半には戦乱による中断・停滞はあったものの，外国人に加えてカナリア諸島地元住民もツーリズム開発に参加した。1960年代になると，サンタ・ブリヒダ市はツーリズム対象地としての重要性を失い，ツーリズム活動自体も停滞した。ここまでのツーリズム活動は農村部で行われていたものの，いわゆる自然・文化ツーリズムに近く，また，地元住民によるイニシアティブは限定的であった。

　一方，1990年代後半より生じた新たなツーリズム活動は，自然資源，農業活動，伝統工芸などを魅力としつつ，自然保護制度と農村ツーリズム施設が加わることによってより環境・農業面が注目され，地元住民や地方政府がより積極的に関与するようになった。ただし，サンタ・ブリヒダ市で提案されたツーリズム・ルートがグラン・カナリア島全体のエクスカーションに取り入れられていないこと，農業・製陶業の従業者減少，大都市圏に組み込まれてベッドタウン化することによる自然環境・景観の変化への対応が今後の課題である。

**謝　辞**

　資料収集，現地調査でお世話になりました，グラン・カナリア島ツーリズム協会，サンタ・ブリヒダ市役所，GRANTURAL関係者，農村ツーリズム施設オーナーL氏，カルロスⅢ世大学のモラレス・マトス（G. Morales Matos）教授，ラス・パルマス・デ・グラン・カナリア大学のハート（M. Hart）教授，福田（旧姓　岡崎）悦子氏に感謝いたします。

## [注]

（1）Miranda Ferrera（1995）など。
（2）カナリア諸島の気候がイギリス人の呼吸器系疾患に対する治療効果を持つと考えられ，イギリス人主導によってホテルや別荘などが建設され，いわゆる「気候療養（気候ツーリズム）」が拡大した（Morales Matos y Santana Santana, 1993 ; Santana Santana y Rodríguez Socorro, 2006, 2007）。
（3）カナリア諸島における経済，社会，環境，景観を大きく変化させたことから，この「太陽と浜辺のツーリズム」に関する研究が最も進んでいる。たとえば，ツーリズム空間の拡大過程（Morales Matos y Santana Santana, 1993），不動産投機のメカニズム（Santana Santana, 1993），経済・社会面での問題点（Rodríguez González y Santana Turégano, 2012; Santana Turégano, 2003）が明らかになった。
（4）農村，ワイン，文化を活用したツーリズムが初期段階にあって潜在力を有し，農村部の経済・社会状態の改善に寄与することを可能とする一方で，新しいタイプのツーリズム普及にはさまざまな障壁があること，事例研究の蓄積が必要なこと，研究の枠組や手法の確立が不十分であることを指摘する（Duarte Alonso y Liu, 2012 ; Duarte Alonso, Sheridan y Scherrer, 2008）。
（5）サンタ・ブリヒダ市関係者への聞き取り調査による。
（6）ピスタチオの木（lentiseal）が多かったことから，この地名がついた。
（7）サンタ・ブリヒダ市の清涼な空気が，呼吸器系統を患ったイギリス人の保養に向いていると評価されたため，イギリスの天候が悪くなる冬にイギリス人ツーリストがやってくることになる。
（8）19世紀末にはストーン（O. Stone）が訪れていた。この集落では，ろくろを使わない独特の製陶法を用いていた。
（9）ベンタイガを立ち上げたのはエスピーノ・モラレス（J. Espino Morales, 生没年不詳）である。
（10）サンタ・ブリヒダ市関係者に行った聞き取りによれば，州政府による自然保護制度の制定・運用と，市による総合都市管理計画（PGOU）など都市計画の運用が重なった場合は，州政府の権限が優先されるという。したがって，サンタ・ブリヒダ市については面積のおよそ半分が州の管轄，残りの半分が市の管轄となる。
（11）2011年3月にサンタ・ブリヒダ市関係者に行った聞き取りによれば，州政府による自然保護制度の制定・運用と，市による総合都市管理計画（PGOU）など都市計画の運用が重なった場合は，州政府の方針に従う必要があるという。したがって，

サンタ・ブリヒダ市については，面積のおよそ半分についてはプランニングの自由度がかなり制約されることになる。
(12) このコミュニティの起源には諸説あり，カスティーリャ王国による植民以前の原住民の末裔とする説と，より最近の移住集団とする説がある（Santana Santana y Rodríguez Socorro, 2008）。先行研究や現地での聞き取りによれば，黒髪の多いカナリア諸島住民と異なり，このマイノリティ・コミュニティには金髪碧眼が多く，女系家族で閉鎖的といった特徴を持ち，男性はブドウ栽培・ワイン製造に従事し，製陶は女性の仕事であったという。
(13) ラ・アタラーヤ集落陶芸センターは，カナリア手工芸に関する民族学と発展のための財団（Fundación para la Etnografía y el Desarrollo de la Artesanía Canaria, FEDAC），グラン・カナリア島議会，サンタ・ブリヒダ市の後援によって設立され，運営はラ・アタラーヤ集落陶芸専門家協会が行っている。
(14) サンタ・ブリヒダ市の関係者に行った聞き取りによる。
(15) GRANTURAL はグラン・カナリア島レベルの農村ツーリズム組織である。この上位組織としては，カナリア諸島全体を統括する ACANTUR，スペイン全土の農村ツーリズム組織である ASETUR，EU 全体をカバーする EuroGites がある。
(16) GRANTURAL 事務所で行った聞き取りによる。
(17) GRANTURAL での聞き取りによれば，グラン・カナリア島の農村ツーリズムの宿泊施設は家屋の一部か全体を貸す方式であり，基本的にツーリストは農村ツーリズム施設所有者宅とは別の建物に宿泊する。この点は，農家の自宅に泊まる日本のグリーン・ツーリズムとは異なる。
(18) L 氏へ行った聞き取りによる。

### [参考文献]

Ayuntamiento de Santa Brígida, "Santa Brígida a pie", Ayuntamiento de Santa Brígida, 2009, 〈http://mdc.ulpgc.es/utils/getfile/collection/MDC/id/111126/filename/148572.pdf〉, 2012 年 12 月 1 日閲覧。

Duarte Alonso, A., y Liu, Y., "The challenges of the Canary Islands' wine sector and its implications A longitudinal study", *Pasos*, Universidad de La Laguna, vol. 10, no. 3, 2012, pp. 345-355.

Duarte Alonso, A., Sheridan, L. y Scherrer, P., "Wine tourism in the Canary Islands An exploratory study", *Pasos*, Universidad de La Laguna, vol. 6, no. 2, 2008, pp.

291-300.

Hernández Gutiérrez, S., "La Edad de Oro", *Idea*, 1995.

Miranda Ferrera, M., "Destino Gran Canaria", *Idea*, 1995.

Morales Matos, G., y Santana Santana, A., "Procesos de construcción y transformación del espacio litoral gran canario inducidos por el fenómeno turístico", *Ería*, Universidad de Oviedo, no. 32, 1993, pp. 225-246.

Morales Matos, G., y Macías Hernández, A. M., "Génesis, desarrollo y estado actual del espacio rural de Canarias", *Ería*, Universidad de Oviedo, no. 62, 2003, pp. 265-302.

Rodríguez González, P., y Santana Turégano, M. A., "Los agentes sociales y la política urbanístico-turística: percepción y performatividad El caso de las Directrices de Ordenación del Territorio y del Turismo de Canarias", *Investigaciones Turísticas*, Universidad de Alicante, no. 3, 2012, pp. 56-82.

Rodríguez Socorro, Mª. del P., "Itinerarios Turísticos en Áreas Protegidas : problemática y metodología para su elaboración", Tesis Doctoral, Universidad de Las Palmas de Gran Canaria, 2004, 〈http://acceda.ulpgc.es/handle/10553/2077〉, 2012年8月1日閲覧［未刊行博士論文］。

Santana Santana, A., "Evolución de la imagen turística de Canarias", en Morales Padrón, F., *XV Coloquio de Historia Canario Americana*, Cabildo Insular de Gran Canaria, 2004, pp. 145-156.

Santana Santana, A., y Rodríguez Socorro, Mª. del P., "El Monte Lentiscal, un espacio de larga tradición turística", *Idea*, 2006.

Santana Santana, A., y Rodríguez Socorro, Mª. del P., "El monte Lentiscal en los inicios del turismo en Gran Canaria", *El Pajar: Cuaderno de Etnografía Canaria*, no. 23, 2007, pp. 71-76.

Santana Santana, A., y Rodríguez Socorro, Mª. del P., "IMAGEN TURIÍSTICA E IDENTIDAD LA INTERPRETACIÓN DECIMONÓNICA DEL PAGO DE LA ATALAYA DE SANTA BRÍGIDA (GRAN CANARIA, ISLAS CANARIAS)", en Ivars Baidal, J. A. y Vera Rebollo, J. F. (coord.), *Espacios turísticos: mercantilización, paisaje e identidad*, Universidad de Alicante, 2008, pp. 309-320.

Santana Santana, Mª. C., *La producción del espacio turístico en Canarias*, Cabildo

Insular de Gran Canaria, 1993.

Santana Turégano, M. A., "Formas de desarrollo turístico, redes y situación de empleo. El caso de Maspalomas (Gran Canaria)", Tesis Doctoral, Universitat Autònoma de Barcelona, 2003, ⟨http://www.tdx.cat/handle/10803/5116⟩, 2012年9月1日閲覧［未刊行博士論文］。

Stone, O., *Tenerife y sus seis satélites*, Cabildo Insular de Gran Canaria, 1995 ［英語版原著 1889］。

### ［参照したウェブサイト一覧］

＊文中で特に指定のない場合は，すべて 2012 年 11 月 1 日に閲覧した。

DO グラン・カナリア　⟨http://www.vinosdegrancanaria.es/index.php⟩.

GRAFCAN　⟨http://www.grafcan.es/#⟩.

GRANTURAL　⟨http://www.grantural.es/⟩.

カナリア手工芸に関する民族学と発展のための財団　⟨http://www.fedac.org/⟩.

カナリア州政府ウェブサイト　⟨http://www.gobcan.es/⟩.

グラン・カナリア島ツーリズム協会ウェブサイト　⟨http://www.grancanaria.com/patronato_turismo⟩.

グラン・カナリア島議会ウェブサイト　⟨http://www.grancanaria.com/⟩.

サンタ・ブリヒダ市役所　⟨http://www.santabrigida.es/index.php⟩.

スペイン環境・農林・海洋省　⟨http://www.marm.es⟩.

ラ・アタラーヤ集落陶芸センター　⟨http://www.centrolocerolaatalaya.org⟩.

# 第7章

# カナダにおける食料主権運動から学ぶ社会の持続可能性を作る仕組み

西川芳昭

[名古屋大学大学院国際開発研究科]

## 1. はじめに

「食料主権」という言葉が農家や食べるものについて考える消費者の間に広がり始めてから 30 年以上が経とうとしている。食料輸入や食料自給率についての決定権はそれぞれの国にあるという「食料安全保障」と同義語に使われる場合も多い（たとえば，岸本，2000）。同時に，このような国家の主権とからませた議論は，日本のみに焦点を当てることの問題をはらむことや，新自由主義経済のなかでかえって自給の力をそぐ可能性があることも指摘されている（松坂，2000）。この 2 つの言葉は持続可能な食料需給のシステムを確保するという視点は共通であるが，食料主権という言葉は地域における管理・地域の知識・地域の環境をより強く意識している。食料主権運動を推進している農民組織ヴィア・カンペシーナ（Via Campesina）は，食料主権を「人々が自分たちの食料・農業を定義する権利であり，持続可能な開発を実現するために国内（地域内＝domestic）の農業生産及び貿易をよい状態にすること，どの程度の自律を保つかを決定すること，市場に生産物を投入することを制限することなどを含む」としている（Nyeleni, 2007）。彼らは，WTO・新自由主義体制に立ち向かう対抗運動と農地改革の実現に行動の重点を置いている（真嶋，2011）。食料の

**写真1　世界に広がる食料主権運動**
撮影：Kenton Lobe。

確保を量の問題だけではなく質の問題と考え，また国家の責任や国レベルの問題とするのではなく，地域の農家や消費者自身の問題・基本的権利の問題としてとらえ，行動につなげていくときに「食料主権」が「食料安全保障」に代わって使われると考えられる。

　現代社会は，消費者の1人1人が自分の食べるものを選択できて，一見豊かそうである。しかし，都市生活者は，その衣食住全般にわたって，市場への依存度が非常に高い。特に，外食・中食依存の食生活，既成品ばかりで手づくりの衣服を楽しむことができない没個性など，現代の衣食住のあり方は，本当の意味での豊かな日常生活ということに逆行しているようでもある（駄田井・黒田，2003）。

　このような地域から離れた商品に依存した生活を，地域における生産と消費を中心としたローカルな生活に変えることによって，地域に住む人々がより自律的な生活を実現することが可能と考えられる。中山間地など条件の悪い地域は，グローバルな交換価値を高めるような貨幣所得を得るのには必ずしも適していないが，逆に，比較的貨幣を使わなくても生活できる地域も多い。中山間地に限らず，都市においても，貨幣を稼げる地域にするよりも，貨幣がなくても豊かに暮らせるような地域とする試みも始まっている。その手段の1つとし

て，食料の生産と消費をある程度小さな地域内で完結させる営みがあげられる。中山間地の地域振興の手段としての地産地消の推進ではなく，都市農村のいずれにとっても，人間の基本的な考え方として（当然その度合いは自然資源の乏しくなった都市と，未だに豊かな農山漁村では異なるが），このような地域内での自給自足的思想を取り込んでいく生活の拡大が持続可能な開発の実現につながると考えられる。

　筆者は，これまで産業化された農業が品種－栽培技術－食物という連鎖からなる生活文化の関係を絶ち切ってきたことに警鐘をならし，農産物の生産者である農家・農民と消費者が連帯した参加型の農村・コミュニティ開発の事例について多くの報告を行ってきた（たとえば，西川，2006）。これらの事例の多くは，参加型開発と呼ばれる新しい開発パラダイムの枠組みと整合しており，特に農業生産のための資源の利用にあたってはその資源の存在する地域に住み日常的にその資源を利用している住民が最も豊富で的確な知識を持っているという前提にたっている（Chambers, 1997）。

　本章では，食料生産者のイニシアティブを意識しつつも，消費者の側がより積極的に「食料主権」を意識し，その実現に参画している2つの事例をカナダから紹介したい。第1の事例は，自分の住む地域から100マイル以内で生産・加工されたものを食べることを実践する100マイル食料運動である。本来旧大陸への食料供給を最大の目的として営まれてきたカナダの農業は，実は自分たちの食料，特に野菜や果物を充分自給することができずに，多くを隣国のアメリカやメキシコからの輸入に頼っている。さらに，遠くの地域からきている農産物の生産・流通過程における問題点に気づくとともに，ヨーロッパから移民として持ってきた自分たちの祖先からの知恵を取り戻そうとする運動ともいえる。

　第2に紹介するのは，伝統的な商業的農業とは異なる形で，従来消費者であった人々がこの地産地消のネットワークに参画している事例である。それは，農産物生産の利益のみならずリスクも消費者が分担する市民運動のシステムであるコミュニティ共有型農業（Community Shared Agriculture：CSA）[1]である。これら2つの事例について，現地調査の結果を中心に報告し，食料主権の実現

を通じた新しい社会システムの提案につなげたい。

## 2．マニトバ州における 100 マイル食料運動

　カナダ中西部のマニトバ州は広大な農地の広がる農業地帯であり，19 世紀から輸出産業としての大規模農業が行われている。その穀物集散地であるウィニペグ市において 2006 年から始められた 100 マイル食料運動について，リーダーの 1 人への聞き取りと，運動を主催したグループ自身が 1 年間の行動の後に自己評価をしたアンケート結果を中心に紹介する。

　100 マイル運動は，カナダ西海岸において 1990 年代後半に始まり，フリーの執筆家である Alisa Smith と J. B. Mackinnon がカナダとアメリカ合衆国で自分たちの 100 マイル運動の体験を細かく記録した手記を出版したことによって北米の多くの人に知られることとなった（カナダ版：The 100-Mile Diet : A Year of Local Eating, 2007, Random House Canada, Toronto　アメリカ版：Plenty, Eating Locally on the 100 Mile Diet, 2007, Three River Press, New York)。日本でも，地産地消運動はよく知られているが，その多くは地域の農業振興を意図しており，ここで報告したような市民運動として行われている例は，生活クラブ生協やグリーンコープのような一部の生協運動を除いてまだ少ない。

### (1) リーダーが語る 100 マイル運動の背景

　リーダーの 1 人であるジェニファー（Jennifer Degroot）氏はオランダ系のカナダ人である。彼女自身は，農村出身であるが，都会の大学で教育を受けた。自身も 5 年間コミュニティ共有型農業に従事した経験を持つ。環境に配慮して車の運転をしないので，妊娠前は 20 km 離れた農地へ自転車で通っていた。夫と自転車の速さがちがうので，離婚しないためにも農地には別々に出かけていたと笑いながら語ってくれた。インタビューを行った 2010 年 11 月当時は，乳児を抱えていて，家の周りで農地を 5 カ所借りて野菜を作っていた。

　100 マイル運動を始めようとした背景について彼女は次のように語る。彼女

は訪問して見て，自分たちの生活が多くの国の人々を搾取していることに気づいた。たとえば，自分たちが着ているシャツひとつとっても，中国における児童労働の結果として安い賃金と過酷な労働のなかで作られていることに気づいた。マニトバ州で消費される食料の約90％は州の外から来ていることも知らされた。また，マニトバ州において，自分たちが便利な生活をするために作られたダムによって，北部に住む先住民がこれまでの魚や野生動物を利用する生活を続けられなくなっていること，しかしながら，朝服を着るとき，ご飯を食べるときにこのようなことを考えるカナダ人はほとんどいないことなどに気づくようになった。

具体的な問いかけとして次のような問題意識を持つようになったという。すなわち，いまスーパーマーケットに行けば，有機のものや粒の入ったものなど多様なピーナッツバターを売っているが，すべての食品が無記名（anonymous）になっており，なにが信頼できるかはわからない。肉が動物を殺したものであるということを知らない子供も増えている。さらには，カナダで消費される有機農産物の多くがカリフォルニアから来ており，その多くはメキシコからの不法移民労働者によって作られている。多くの消費者は有機農産物を倫理的に正しい（ethical）食物だと考えて消費しているが，それは事実に反する。メキシコ人労働者は，砂漠を歩いて越境してくるが，不法移民であるがゆえになんの権利も保障されておらず，時には銃で撃たれること，移動中に病気で倒れることもある。こうして作られた食物が3,000マイル運ばれて，マニトバの食卓に載っている。この状況を市民として改善する方法について考えた結果が100マイル運動であるという。

このような問題意識を持って2006年夏に，「冷蔵庫のなかに過酷労働・低賃金工場があるのか？」という呼びかけ文で集会をよびかけたところ約30人が集まった。そのときに集まった人たちが，食べ物のシステムについての自分たちの気に入らない点について意見を出し合った。これらの問題（problems）に対して，何ができるのか（solution）について話し合った。参加者の1人の農家が，100人が100日間100マイルの範囲で出来た農産物で食べていってはど

うかと提案した。このような運動は，当時すでに，ブリティッシュ・コロンビア（カナダ西部地方）などで始まっており，参加者はいいアイデアだと考え，どうすれば可能かを議論した。準備として，ホームページを立ち上げて，どこに行けば自分のほしいものが買えるかのリスト作りを行った。なぜなら，たとえばマニトバ州で原料が栽培されているカノラ（サラダ油）の加工はカルガリー（2つ隣の州の都市）で行われており，100マイル以内で生産・加工されたものを手に入れるのは難しかったからである。100マイル以内という考え方には，生産および加工の両方を含んでいるが，どこまで含めるか，また何を例外にするかは各自が基準を決めた。小さな子供がいる家庭は一部の離乳食・ミルク（マニトバでは州政府の規制により有機乳製品は他州で生産されたものしか入手できなかった）などを例外とし，また塩やコーヒーを例外にした人も多かった。また，他の家に招かれたときや特別なお祝いのときなどは，その目的や気持ちを重視して，原則にこだわらないこととした。あくまでも，方向性を変えることへの自分たち自身による約束を重視した（commitment to directional change）。

　実際の準備にはさらに1年が必要であった。なぜなら，マニトバではほとんどの農作物は夏の数カ月しか収穫できないため，7月から自分たちで冬の間の食べ物を貯蔵する準備が必要だったからである。野菜は農地を借りて自分たちで作るか，ファーマーズマーケットで購入した。野菜や果物の砂糖漬けやジャム，缶詰や瓶詰めを作った。夫婦と子供2人の家庭でも200程度の容器を用意した。グラノーラ（Granola：オート麦・ナッツ類を入れたカナダでポピュラーなシリアル）も特定の農家から原料をわけてもらい，自分たちで作った。作り方は自分たちの親をはじめとして，周りの人々から習った。一部は冷蔵庫に保管した。多くのメディアが取り上げてくれ，運動は始まる前から認知されてきた（当時は内容を説明しなければならなかったが，今は，100マイル運動といえばそれだけで多くのメディア関係者は何を意味するかを知っている状態である）。最終的に最初の年には約120名が参加することになった。

写真2　日本でも道の駅などの地域の野菜や加工品販売に人気が集まってきた

### (2) 100マイル運動の評価

　実際に100マイル食料運動をやってみて、参加者はなにを感じ、考えたのであろうか。ジェニファー氏へのインタビューと彼女たちが自分たちで行ったアンケート調査からその一部を紹介しよう。基本的に、食物の質に関しては多くの人が満足したようだ。夏にやれば簡単だが、あえて9月1日から始めたことによって、たとえばマニトバのような寒い土地でも12月にケール（キャベツの仲間）を収穫できることを知るきっかけとなった。Dietには制限という意味（something is missing）があるが、多くの参加者はこれを規則と考えずに機会（opportunity）と考えた。また、1週間なら実感はわかないが、3カ月だと生活のスタイルも身体の調子も変化した。期間終了前日にメディアのインタビューに多くの人が翌日以降も続けると答えた。dietではなく、feast（大宴会）だったと振り返る人もいた。また、農家から直接購入することによって、関係を作ることができたとも評価された。多くの人は再度やりたいと述べた。
　一方で、新鮮な野菜が恋しいという声もあった（ジェニファーはカリフォルニアから3,000マイル運ばれてくるレタスが本当に新鮮かと問いかけているが、クリスマスには買ったそうだ）。総合的には、生活が転換した（Life was transformed）という感想であった。たとえば、買いものが意味を持つようになり時間をかけるようになった、バナナなしに生きていけることがわかったなどの感想である。こ

の運動は参加者の生活そのものにも変化をもたらした。秋から冬の食料準備に時間や手間がかかるために夏に休暇に出かけにくくなったという意見もあった。多くの人は外食や加工食品の利用が減り，農家に買いに行くのは単なる買い物ではなく，農家との交流を含めた楽しみ（entertainment）となった。実際に農家を訪れて生産の場所を見ることも楽しみの1つである。

家計の支出が減ったという評価もあった。特にスーパーでの買い物が激減した（平均300-400ドル／月に対して120-200ドル／月）。参加した人の多くが，カロリーの70-80%をマニトバ産でまかなうことができたそうである。

筆者が，都市の富裕層のような一部の人しかできないのでは？　と問いかけたことに対して，支出は減るし，必要な栄養をとるための食料の量も減るので，たとえばパンの値段が2倍になっても購入量が減れば支出は抑えられるので多くの人が実践可能との返事であった。

100マイル運動に参加した人々には多様な動機が見られた。地域の農産物・農業・農家への関心，生態系や環境問題への懸念，フードシステムの変化についての興味，食育や自己訓練のため，コミュニティ構築の必要性などである。

全体参加者が例外とした食べ物や機会としては，コーヒーなどの嗜好品，塩やオリーブオイルなどの調味料，他の人の家での会食やビジネスランチや旅行中など自宅で自分が調理しない場合であった。諦めるのが難しかったものは，コーヒー・チョコレートなどの嗜好品，米と穀物，バナナやオレンジなどの果物，生野菜や魚介類，レトルトなど便利な食品であった。

100マイル内で見つけるのが難しかったものは，砂糖や酢やマニトバ産のメープルシロップなどの調味料，ヨーグルトやチーズといった乳製品の一部，大豆やヒヨコマメ，リンゴや梨などの果物があげられた。

参加して気づいたことや学んだこととして多彩な事柄があげられたが，次の6つにまとめることができよう。1つ目は自分で作物を育て加工できるということと，その大変さと楽しさを実感したことである。自宅の小さな裏庭で一冬分以上の乾燥マメを作った参加者もいた。2つ目は地産地の農産物を食べた時の美味しさと食べ物への感謝を感じたことである。3つ目はなくてはならない

と思っていた食べ物が実はなくても何とかなるという体験があげられた。なくしたものが意外と少なかった，シンプルな方が良い，と思ったそうである。4つ目は地元の生産者をはじめとする人々との出会いやつながりに対する喜びである。ファーマーズマーケットで生産者と会って話をしながらの買い物の方が単調なスーパーでの買い物よりも楽しい，との回答もあった。5つ目は作物を育てることがどういうことかを知ったことである。作物が実る時期を知り，年によって出来が違うことにも気づいた。最後に，時間をかけて料理を作る楽しみを味わい，料理の腕が上がった，と答えた人たちもいた。多くのお客さんを招待したり，入手できる範囲で地元産の食材を使って計画し工夫したり新しいレシピを考案したり，また時間はかかるがトマトを自分で缶詰にすることを楽しんだ，満足感があった，という感想もあった。

## （3）小　括

　ローカルな生産物にこだわることは食べ物にコストがかかることにもつながるが，その代価は価値があると賛成する人も多い。参加者のアンケート等からは，材料を手に入れるための買い物にこれまでより多くの時間を使う，保存食を作るのには多くの時間を費やすがそれが楽しい，購入時にも時間，お金，燃料がかかるが，後で買い物をほとんどしなくて良くなるので結果的には同じになるなど多様な評価が紹介されている。すべてにおいて節約できたと答える人もいるし，以前の消費とあまり変わっていないという人もいる。ある人は，余分にかかったコストは地球に貢献するためのものと考えられると述べている。
　また，日常的に購入する食品の量が減ったという。ある人は自分たちの地元の生産者の作物に費やすお金が全体の食費の 40％ から 90−95％ に増えたという。参加した多くの人は 100 日間が終わっても引き続いて 100 マイル以内で取れた食べ物を中心に食べようとしていた。彼らは，地元産のものを買い求め，意識しながらそれらを食べることを続けている。
　重要なことは，生活の基本である食べることを通じて，ほとんどの参加者が地元の生産者（マーケット，直売所，都市への宅配などを通して）とのつながりが

持て，このような相互関係を楽しんだ点であろう。多くの人が小さい，独立した小売店でもっと買い物するようになった。数十人で始まった運動が社会全体に大きな変化をもたらす可能性を秘めている。

## 3．コミュニティ共有型農業

　カナダにおける輸出志向型商業的農業とは異なる農業生産・流通・消費の在り方，そして国内の農業を改革していくもう1つの運動が，コミュニティ共有型農業（Community Shared Agriculture：略称 CSA）である。CSAは農業の生産に伴うリスクと収穫の両方を生産者と農家が共有することを基本としていることが通常の農業と大きく異なる点である。農業には天候やそのほかの自然・社会条件からくるリスクが伴うにもかかわらず，通常の農業生産・流通・消費においては，保険を除いて，リスクの大半を生産者が負う仕組みとなっている。CSAにおいては，生産者と消費者を結ぶシステムには多少のバリエーションがあるが，基本的には農場の1年の経営に必要な費用を事前に計算し，それを消費者が作付前に支払う約束を行うことによって，農業が持つ天候等からくるリスクを生産者だけが負担するのではなく消費者も負担するシステムが採用されている。農作業や配送に消費者が直接関わることもCSAの重要な特徴であるが，同じ金額を負担しても，年によって配布される作物やその質と量は異なることを生産者・消費者が同意していることが最も大きな特徴である。

　本節では，カナダで最もはやく始められたCSAの1つであるマニトバ州ウイニペグ市郊外にあるウエンズ・シェアードファーム（Wiens Shared Farm）と，最西端のバンクーバー島で行われているサーニッチ・オーガニクス（Saanich Organics）について，実施者自身の語りを中心に報告し，食料主権との関連について議論したい。

### （1）ウエンズ・シェアードファーム

　代表者のウエン氏は，1986年アフリカの農業を支援するつもりでアフリカ

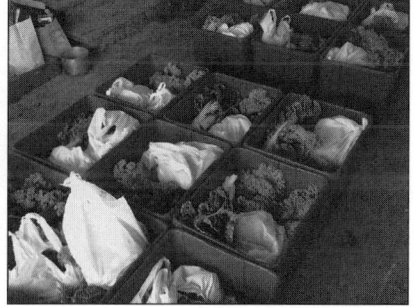

写真3　ウエンズファーム看板　　写真4　夏の間，毎週届けられる野菜の箱

へ行ったが，そこで，住んでいる人たちによる社会的・生態学的にバランスのとれた生活や，農業を通じた人の輪があったことに気づかされたことが，CSAのような農業を考えるきっかけとなったそうである。食料生産や消費に対する考え方を変える必要のあるのは途上国の人々ではなく，むしろ北アメリカに住んでいる人々のほうであると実感し，帰国して有機農業を始めることにした。有機農業の開始2年後，持続的な方法であると思っていた従来の農法 (conventional agriculture) は実は経済的・社会的には目指していたものから遠いことを実感することになった。当時の農産物価格の低さから，多くの農家は政府に対して支援等を求め抗議をしていたが，このような問題は政府によって解決する問題ではなく，それはむしろ（社会の）システムの問題であり，生産者や消費者の考え方ややり方を変える必要があると考えた。農家と都市生活者の間に多くの流通加工関係者が存在し，農家は都市生活者を理解しておらず，都市生活者は農家を理解していないことが問題である。この問題意識は，前節で述べた100マイル食料運動の意識と共通している。その解決方法は政府からの新しい支援ではなく，都市生活者と農家との距離を縮めること，農家と農家が作った作物を食べる人の距離を縮めることであると考え，知り合いの農家仲間・友人・都市生活者と話し合いを持った結果，1992年に現在の農場が設立され，200人の都市生活者が参加した。究極的には，農業に支えられたコミュニティ（Agriculture Supported Community : ASC）建設をも目指されており，

社会システムの改革運動とも理解できる。

　農産物の販売を"selling shares"（販売の形での分配）と表現している。これは農作物だけでなく，農業のリスクをも売ることを意味する。この活動は1つの農家ではなく，グループで農業の問題点をも共有することを意味している。

　ただし，日本の有機農産物がそうであるように，都市側・消費者がCSAに参加する一番の理由は，おいしい野菜が食べられること，2番目の理由は化学薬品を使わない野菜であること，その次に重要なのが，地元の経済と農家を支援すること，となっており，リスクの共有などは必ずしも完全に実現しているわけではない。

　年200ドルで会員となると，7月から10月の間の収穫期に作物を受け取ることができる。夏の間中，毎週火曜と木曜の週2日食料を配達される。町に行くと，コミュニティのコーディネーターやボランティアが分配を手伝っている。町では逆に堆肥の材料をもらうので地域内での「閉鎖系ができあがっている」と考えられている。

　そのようななかで，活動を広げる努力がされてきている。2000年には"West Broadway Good Food Club"が設立された。このクラブは200から400人の新しい移住者・シングルマザーなどの都市部の低所得者から成り，メンバーは，毎週決まった曜日に農地へ行き，農作業を行うことの見返りとして，必要な野菜を供給される仕組みも作り上げている。低所得者の栄養改善を通じて，社会への参画を促している。

　食料安全保障を地球規模で考え，地域で実践することについて，ウェン氏は，「生存に不可欠なものを作っているのにもかかわらず，農家だけが経済の不安定さの荒波の中に取り残されてきた。農家は消耗品になっていた。教師が子どもにものを教えて・育てて（nurturing）経済から取り残されることがないように，農家も土づくりやよい食料を作って（nurturing）取り残されることがないようにするべきである。」と主張している。また，都市近郊では土地代が高いのがCSAの障壁になっているとも説明された。

## （2）サーニッチ・オーガニクス―協力を通じた持続可能な農業モデル―

　サーニッチ・オーガニクスはカナダ最西端のバンクーバー島南部で，3人の農業従事者（Rachel Fisher, Heather Stretch, and Robin Tunnicliffe）によって所有，運営されている。3人とも，農業のバックグラウンドを一切持たず，借地で事業を始めた。彼ら3人は共通して，文化系の大学の学位を持っており，また環境に対する価値観，屋外での肉体労働に従事したいという熱意を共有していた。（Tunnicliffe, 2008：3-4）

　この地域の農業はカナダのなかでは例外的である。面積が10エーカー以下の小規模の農地で40歳以下の女性が多く有機農業に従事しているのが特徴である。カナダの農地は，平均面積が273 ha（600エーカー）で，一般的な農家は平均年齢56歳の男性で，その平均収入は1万ドルである。バンクーバー島南部はマニトバのようなカナダの穀倉地帯とは異なり，その温暖な気候から通年で野菜などの収穫が可能であり，CSAのような消費者との連携が行いやすいと考えられる。また，食文化ツーリズムによって，地方産品の促進につながる外食産業が人気になっている。さらに，有機農業生産のためのコミュニティマーケット・ファーマーズマーケットが多く存在し，これらの活動にも多くの女性が関わっている。サーニッチ・オーガニクスの3人の女性はこれらの自然・社会環境を理解したうえで，ビジネスを展開している。

　サーニッチ・オーガニクスで生産された農作物は3つの販路を持つ。中心となるボックスプログラム（box program）は1月を除く年間11カ月間毎週25ドル相当の野菜の詰め合わせを直接家庭に販売する。レストランと小売店には注文に応じて出荷する。余った生産品は毎週のファーマーズマーケットで販売する。

　Robin（Tunnicliffe）をはじめとして，彼女たちは環境への負荷を小さくした生活をしたいという願望を具体的な活動を通じて実現しようとしている。食料生産への情熱は，食料安全保障・食料主権の観点から農業に関係する世界中の人々と連携し社会正義の観点からの活動となりつつある。Robinがカナダの国際協力NGOであるUSCカナダの理事会メンバーであることは彼女たちの活動がローカルであるとともにグローバルであることの間接的表現となっている。

グローバルマーケットにおける競争力は，有機認証や地方のレストランやファーマーズマーケットに販売することで，容易に獲得できる。しかしながら，競争市場において最も重要なことは，他の製品と差別化することである。彼女らは価格での競争はできなかったが，彼女たちが考えていることを伝えることが1つのストーリー（物語性）を持ち，競争力を持つことができたと考えられる。「サーニッチ・オーガニクス」というブランドで彼らのストーリーを語ることで，個人でなし得たよりも，より多くの利益を得ることができた。

　グローバル化する世界のなかで農業が抱える課題に取り組むために団結できることが，サーニッチ・オーガニクスの農家の希望である。その結果，また近年の有機産品，地方産品の市場シェアの拡大も相まって，地方産品の生産を助長する条件が整ってきた。しかし，重大な障壁も残っている。それは，サーニッチにおいて1エーカー当たり10万ドルという高額な値段で売り出される農地や，農家が生産コストを取り戻す際の障害となる農産物の価格低迷である。採算性がなく，雇用保険もかけられないので，農業を仕事として選ぶのは簡単なことではない。カナダの農家数が減少していくにつれて，それを埋め合わせるための若手農家の発掘が課題となっている（Tunnicliffe, 2008 : 21-22）。

　一方で，サーニッチ・オーガニクスは持続可能な共同農業の1つの可能性を示唆している。有機農業を取り入れることは，伝統的知識と現代技術の恩恵の均衡を目指すことにつながる。その文脈において，環境思想や地域の感性に適合した農業を再創造する機会は十分にあると彼ら自身が表明している。サーニッチ・オーガニクスの農家たちは，彼女らの価値，目標，将来のビジョンを築く新しい枠組みのなかで，事業を創造する自由を獲得することができた。本当の意味で，彼らは，農業の文化的思想へのつながりを提供してくれる食料を販売している（Tunnicliffe, 2008 : 21-22）。

## （3）小　括

　カナダの活動の特徴として，それぞれの組織・活動の紹介のなかでも触れてきたが，身の回りの生活と地球全体のグローバルな問題とが日常的につながっ

ていることである。カナダは，市民レベルでも国家レベルでも，先進国のなかでも積極的に途上国を支援している国である。

たとえば，大手のNGOの1つであるUSCカナダは次のようなミッションをかかげている。USCの中心的な活動である生存のための種子（Seeds of Survival：SoS）アプローチは，1989年から行われており，農民の知識・実践を重視し外部からの投入の必要性を制限し，農民と科学者や政府との協働を促進する支援方法である。その目的は，

① 食・生活の持続に不可欠な資源を失うことなくそれらを安定化すること，
② 作物の多様性を促進すること，

の2点である。

また，実践にあたって4つのカギとなる考え方は，

① 農民は豊富な知識を持った生産者である，
② 伝統的な地域の作物品種は栄養的にも環境への適応の面からも外部から投入された品種よりすぐれている，
③ 農民は地域の専門家であり農学者として生産性を高める重要な働きをする，
④ 利用と選抜を通した保全が不可欠である，

の4点である[2]。また，SoSアプローチのプログラムには7つの重要な要素があり，そのなかには，関係者間の対話の促進，コミュニティシードバンクの設立，農民自身による種子供給システムの強化などが含まれる。また，「農業を商品化した現在のフードシステムに変わり農民の自己決定権（control）を保証するのはSoSである」としている。なお，サーニッチもウエンズ関係者も理事という形でUSCカナダの事業経営に関与しており，カナダ国内の農業・食料の課題と途上国の農業・食料の課題は不可分であることが明確に理解されている。

政府系食料援助団体のフードグレインズバンク（Canadian Foodgrains Bank）は，カナダ農民の途上国への視察派遣を行っている。このような活動を通じて，途上国の農家を安価な農産物をカナダに輸出する可能性のある競争相手として

ではなく，急速なグローバリゼーションのなかで，食の主権確立をともに担う協働者としての認識を促している。

　コミュニティ共有型農業を推進する人々の持つ理念・ビジョンは多様であるが，公約数をまとめてみると「現代の工業化されたフードシステムでは，人は自分の食べる食料がどこで作られ，どのように加工されているのかをほとんど知らない。それ故，都市部で生活し食料が作られる現場へのアクセスが限られている人と食料が作られている場所とをつなげることが必要。」のように表現されよう (Belik, Vivian, 2008)。冬場はメンバーに配布される野菜の供給量が減少するが，問題点は季節自体ではない。むしろ欲しいものが何でも欲しい時に手に入る，という人の態度が問題であるとの考えの下で多くの CSA は運営されている。

## 4．おわりに

　日本では，農村開発のアプローチとして，一般的に生態（環境）・福祉（生活）・経済の3つに分けられてきた（祖田，2000）。それぞれの地域の自然環境・社会環境の枠組みのなかで，歴史的な背景も踏まえて，内部から発展のしやすい分野または外部者が介入しやすい分野からスタートし，中長期的に見てこれら3つの重なりが大きくなることが開発のモデルとして現実的かつ持続的であると考えられている。

　カナダでは農業は最初から経済的側面が極端に強く，ヨーロッパへの食料供給基地として植民され組織化されてきた歴史を持つ。にもかかわらず，本稿で報告したような運動が消費者側からも生産者側からも起こりつつある。カナダのフードシステムはヨーロッパからの移民が定着してからのわずか2世代で極端に産業化され，グローバル食料市場に吸収された。カナダにおける食料主権の消費者側および生産者側からの双方の取り組みは，このグローバルシステムからの離脱を促すだけではなく，生活の新しいスタイルを築くことを目標としている。彼らの考えの根底には，日本において農業・農村開発を農家や消

費者の手に取り戻そうとする人々の農業に対する認識との共通点を見ることができる。

　本稿では，カナダにおける運動を紹介したが，100マイル食料運動もCSAもカナダだけのものではない。このような，食料主権に関わる運動は世界中に広がっており，日本でも各地でその萌芽がみられる。たとえば，100マイル運動に関しては岡山県における備前福岡の市の活動がある。地域の素材を使って加工食品を作り販売するとともに，作物や加工品作りを体験しながら自然や食と農について親子で学び理解を深めていく活動も試みている。これらを生み出す風土として，備前福岡の歴史・文化の学びも位置づけている。グローバルな世界に住む1人の人間であることを出発点とするカナダを含む欧米の地産地消・地消地産活動とは背景になる思想が異なり，歴史文化に根差した地域資源を地域住民および関わる人々が活用している。多様な人々の出会いの場として，備前福岡の市の活用が期待され，この考えがパンフレットなどを通じて多くの人々に示されていくことで，単にモノの売り買いだけでなく，作る人と食べる人を密な関係で結びつけ，心の通い合う豊かで幸せな地域づくりにつなげていくことができると考えて活動が行われている[3]。

　今カナダの例を参考にして「備前福岡の市で食べて暮らそう運動（仮称）」が計画されている。100マイル運動を参考にしながら備前福岡の市，常設市「福の市」で販売される農産物・加工食品，ならびに瀬戸内市内で生産加工された農産物加工食品を食べて，一定期間暮らすことを考えている。体験した人たちに，①1カ月間意識して実施できたか　②1カ月の食のうち，何％ぐらい地産地消できたか　③特に不自由しなかった食品名　④入手が難しかった食品名　⑤今後，地域で供給してほしい食品名　などに答えてもらい食料主権運動につなげていくことを企図している。

　ボックススキームという形の1年契約で生産者と消費者がつながる直接販売のメカニズムも全国に広がっている。カナダのウエンズ・ファームで働いた経験のあるカップルが北海道で1995年に他の2組の夫婦とともに始めたメノビレッジ長沼が先駆的事例の1つであろう（城陽地域研究所，2010）。メノビレッ

ジは，有機農法を実践するとともに，消費者である都市住民とのコミュニケーションを重視している。2010年には約80軒の消費者が事業に参画している。消費者会員の多くは自分や家族の健康などを理由に参加することが多いようだが，実際に生産の現場である有機農場の畑を訪れたり，ニュースレターを読んだりするうちに，環境，経済，地域社会などの諸問題に気づく。本土から研修生として滞在している若い人もおり，寝泊りは別にしているが，食事は共にすることによってビジョンの共有を行っている。このような活動を通じて，食の問題だけでなく，新しい経済や文化を創りだそうという意識も生まれてくることを，設立者たちは期待して事業を継続している。

宇根（2000）は，農業の近代化が自給を否定し，生産性向上のなかで農業の自給部門を「趣味」の農業に貶めておきながら，国家レベルでは自給の議論が行われていることの矛盾を問いかけている。食料主権の中心は食料システムにおいての決定権を市民が主張することである。これは食料がどのように生産され，どこから来ているのかについて人々が意見を言い，決めることができることを意味する。食料主権は人間と土地の関係や，食べる人と生産する人との間の関係を築きなおすことを試みる。経済力をつける本来の目的が人々の生活を物心両面で豊かにするためであり，経済をむやみに成長させることは，資源節約や環境負荷から問題があるということをより多くの市民が認識することが急がれる。グローバル化・普遍化に伴う弊害は，生産する側だけではなく消費する側（彼らは生産者と消費者とは呼ばずに作る人と食べる人と呼んでいる）の主体性に根差した100マイル食料運動やCSA等の市民運動によって軽減され，1人1人の市民の参加を通じた地域の自律に基づく「食料主権」へとつながる。

**謝　辞**

本章で報告したカナダ事例の調査は一部科学研究費基盤（C）「地域の生物多様性と社会的環境管理能力構築にかかる研究（作物遺伝資源を事例に）」および三井物産環境基金研究助成を受けて実施した。調査を受けいれてくださったカナダメノナイト大学ケントン・ロビ（Kenton Lobe）氏およびウエンズ・シェアードファーム，サーニッチ・オー

ガニクスのもてなしと協力なしにはこのような調査は実現しなかった。記して謝意を表します。

## [注]

(1) アメリカでは同様の地域農場を Community Supported Agriculture と呼んで生産者と消費者が協働している。ただ，この用語では，支援というニュアンスが強いため，カナダでこのような活動に関与する生産者，消費者は双方向性，多くの関係者の関与，地域の空間的広がりを意識して，Community Shared Agriculture の名前を用いている。これら北米の運動の原点の1つは日本の提携であることも指摘されている。詳細は，エリザベス・ヘンダーソン，ロビン・ヴァン・エン『CSA 地域支援型農業の可能性 アメリカ版地産地消の成果』家の光協会を参照。

(2) 津野幸人はその著書『小農本論―だれが地球を守ったか―』((1991) 農山漁村文化協会)のなかで，「風土品種が生産者と消費者をつなぐ」「現在の奨励品種は風土適応性の考え方が片隅に追いやられている」と述べている。カナダの援助関係者から，直接このような発言は聞かれなかったが，種子や食の主権確立，Resilience や Resistance という，農業および農業に従事しうる人々，農業に依存する人々の生活・生命の持続性を目指す活動のなかには共通する思想が存在すると考えられよう。

(3) 備前福岡の市のリーダー大倉秀千代氏との個人的やりとりに基づく。備前福岡の市については http://www.ichimonji.ne.jp/fukuoka/index.htm を参照されたい。

## [参考文献および Web サイト]

(アクセスは 2012 年 2 月)

宇根 豊「「自給」の技術の長き不在 環境の技術論を求めて」，山崎農業研究所編『食料主権 暮らしの安全と安心のために』農山漁村文化協会，2000 年，pp. 100-106。

大賀圭治「世界の食料需給をどう考えるか」，寺西俊一・石田信隆編『農林水産業を見つめなおす』中央経済社，2010 年，pp. 76-102。

岸本良次郎「「食料主権」は「国」の主権」，山崎農業研究所編『食料主権 暮らしの安全と安心のために』農山漁村文化協会，2000 年，p. 37。

常陽地域研究センター「生産者と消費者の関係を重視した農業の可能性」，『JOYO ARC』2010 年 11 月号，常陽地域研究センター調査，2010 年，pp. 12-31。

祖田　修『農学原論』岩波書店，2000年，p. 312。

駄田井正・黒田宣代「グリーンツーリズムと文化経済学の方法」，駄田井正・西川芳昭編『グリーンツーリズム』創成社，2003年，pp. 3-16。

西川芳昭「作物の遺伝資源と地域おこし―植物遺伝資源と住民参加の開発―」，『世界の農林水産』，2005年，792号，pp. 11-35。

西川芳昭「地産地消とコミュニティビジネス」，伊佐　淳・松尾　匡・西川芳昭編『市民参加のまちづくり　コミュニティビジネス編―地域の自立と持続可能性』創成社，2006年，第10章，pp. 170-183。

真嶋良孝「食料危機・食料主権と「ビア・カンペシーナ」」，村田　武編著『食料主権のグランドデザイン　自由貿易に抗する日本と世界の新たな潮流』農山漁村文化協会，2011年，pp. 125-160。

松坂正次郎「「食料主権―食料自給戦略」に異論あり」，山崎農業研究所編『食料主権　暮らしの安全と安心のために』農山漁村文化協会，2000年，pp. 65-66。

守田志郎『農業は農業である』農山漁村文化協会，1971年，p. 288。

Belik, Vivian, "Bringing the Farm to the Inner City: How One CSA is Improving Food Security in Winnipeg", *Alternative Journal*, 2008. http://www.articlearchives.com/population-demographics/demographic-groups-poor-population/1870438-1.html

Chambers, R., *Whose reality accounts?*, IT Publications, London, 1997.

Nyeleni, "Declaration of the Forum for Food Sovereignty", 2007, accessed Mar 10, 2011. http://www.foodsovereignty.org/public/new_attached/49_Declaration_of_Nyeleni.pdf

Tunicliffe, R., "Saanich Organics A model for sustainable agriculture through co-operation", *BCICS Occasional Paper Series*, Vol. 2. Issue 1, 2008, p. 29.

Canadian Foodgrains Bank HP　http://www.foodgrainsbank.ca/default.aspx
ETC group　http://www.etcgroup.org/en/
USC Canada　http://usc-canada.org/

# 第8章

## メキシコの事例にみる
## グローカル公共空間
### ―ローカル NGO と現場型リーダーの役割―

北野　収

［獨協大学外国語学部］

## 1. はじめに

　グローバリゼーションが進展し，ビジネスや情報や物や文化が国境を越えて自由に行き来するようになれば，民族や宗教の壁を越えて，世界は近づき，世界が発展の恩恵を共有し，皆が豊かになっていくという言説がある。グローバリゼーション，特に経済面でのそれの原動力になっているのが新自由主義（neoliberalism）という考えであり，自由貿易，競争原理，規制の撤廃など，経済面での国境をなくしていこうというものである。しかし現実は，経済格差の拡大，対立と紛争の発生，文化や環境の破壊といった現象が，日本だけでなく，世界各地で報告されている。これらがすべてグローバリゼーションや新自由主義の帰結とは断定できないし，それぞれを，そして相互に複雑にからみあった世界や社会の現象を明快にひも解くことは容易ではない。

　現在，世界各地でみられるグローバリゼーションへの否定的反応には，空間的スケールを異にする2つの傾向がある。ナショナリゼーションとローカリゼーションである。前者には排外的ナショナリズムの蔓延，思想や歴史観を含む国家統合の強化という現象が含まれる。後者には都市や農村の生活空間，すなわち現場に根差した市民によるさまざまな社会変革の実践活動とそのネットワー

ク化という現象が含まれる。単純に後者を前者のサブシステムと捉え，ナショナリゼーションとローカリゼーションを安易に同一視すべきではない。筆者は，後者のこうした草の根からの社会変革の取り組みを「グローカル公共空間」（北野，2008a）の形成につながるものとして捉え，そこには国や地域を超えた普遍的な教訓が見出せると考えている。

本章では，2000年代のメキシコを例に，グローバル化時代における内発的発展運動を草の根の近い領域で担っているローカルNGOの活動を紹介し，そこから得られるいくつかの含意について考えてみたい[1]。

## 2．グローバリゼーションとメキシコの文脈

### （1）失われた10年と「改革」

今日ではラテンアメリカの中所得国として認識されるメキシコでは1980年代以降，民営化・自由化を基調とした新自由主義路線のドラスティックな構造調整が展開されてきた。他のラテンアメリカ諸国と同様にメキシコにとっても，1980年代は「失われた10年」であった。1982年に800億ドルもの対外債務を抱えデフォルトを宣言した後，ワシントン・コンセンサスに基づいた改革が行われた（狐崎，2000）。改革の結果，メキシコ社会開発庁によれば，1984年に収入階層の上位20％，下位20％がそれぞれ総所得の49.5％，4.83％を得ていたのが，すでに1994年の時点でそれぞれ54.53％，4.35％になるなど，貧富の差は拡大した（小倉，1999：122）。その後も1994年の北米自由貿易協定（NAFTA）への加盟，2001年のプエブラ・パナマ開発計画（PPP）という国家横断型の巨大開発計画など，徹底した経済成長志向の「改革」が相次いだ。右派ポピュリスト政党である制度的革命党（PRI）による71年間の支配は2000年に一旦幕を閉じたが，その後も中道右派政権（国民行動党，PAN）は実質的に新自由主義的政策を継承してきた（北野，2009）。2012年に再びPRIが政権の座に返り咲いている。

## (2) 2つの南北問題

　南北問題という言葉は誰でも知っている。北（先進国）と南（途上国）の経済格差や資源・環境問題を指し示す言葉である。メキシコの場合，2つの南北問題を抱え込んでいる。第1は，いうまでもなく，NAFTA体制下におけるアメリカ，カナダとの経済格差という北米大陸内での南北問題である。第2は，メキシコ国内における南北問題である。オアハカ，チアパス，ベラクルスなどの南部諸州と北部を中心としたそれ以外の地域の間にも産業構造，人種構成，所得格差など厳然たる格差が存在している。メキシコには56もの先住民族が存在する。国全体の人口に占める割合は1割程度だが，人口規模としてはラテンアメリカでも最も多い部類に属する。先住民族人口の多くは南部に集中しており，その多くが経済的貧困層に属するといわれている。

　NAFTAの影響として，経済的にも文化的にも基幹作物であるトウモロコシの関税引き下げ～撤廃（2008年）は，「新自由主義コーン体制」の確立ともいうべき，地域社会と精神文化の両面に根底から変化を迫るものとなった（フィッティング，2012）。1990年から2005年の間に新自由主義コーン体制が引き起こしたものは，「主食」とされるトウモロコシの実質生産者価格の70％下落，トウモロコシの自給率100％から70％への低下，270万人の離農（全農家の約3割）など，きわめて巨大なものであった（日本農業新聞2011年5月2日）[2]。必ずしもNAFTAだけが直接かつ唯一の要因ではないにせよ，失われた10年～NAFTA加盟以降にかけての急激な社会経済環境の変化の下で，出稼ぎ労働者の増加，地域の社会的紐帯の変質，拝金主義的価値観・行動の浸透，食生活・食文化を含むアイデンティティの変化が，とりわけ小農，家族経営農家が主流であるメキシコ南部において，進展してきた（フィッティング，2012）。

　ラテンアメリカの貧困地帯であるメキシコ南部を含むメソアメリカ地域を対象とした国家横断型開発計画に，2001年から開始されたプエブラ・パナマ開発計画（PPP）がある。その名が示すとおり，メキシコのプエブラ州から中米のパナマに至る経済的後進地域の近代化と経済統合を進め，貧困から脱却させようという計画である。しかしその内容は，大規模インフラ建設，外資企業・

工場の誘致による雇用の創出（マキラドーラ[3]の中米への拡大）であり，土地収用や熱帯林の破壊などの面で，先住民族を中心とした地域住民との紛争が絶えない（北野，2008a）。

### （3）オアハカ州の概要

メキシコ南部の太平洋側に位置するオアハカ州は，先住民人口比率が最も高い地域である（州人口380万人のうち4割弱）。一般に，一人当たり所得の低さ，非識字者割合の高さなどの諸指標も，隣のチアパス州と並んで際立っている（国本，2002：9-10）。同州には16の異なる民族がおり，文化的多様性に富んだ地域である。州の土地面積の約80％は共同体所有で，この比率はメキシコ全州のなかで最も高い。1995年の州選挙法の改正により，自治体（*municipio*）の長を政党選挙ではなく，「伝統的なやり方」で選出することが合法化され，7割強の自治体がこの方法を採用したという（Esteva, 2007：15-16）。都市部を除けば，主要産業は自給的な伝統的農業や小規模な農産加工業が中心であり，経済的には国内で最も遅れた地域に属する。

この地峡地域では先住民族ザポテコ人の民族意識を背景とした独自の政治風土が脈々と存在しており，政治的には独特の歴史を有する地域である。1960年代から脈々と続く農民運動，労働者運動，学生運動が1970年代に合流した民族系左派の地域政党（COCEI）が存在し，たびたび地域内自治体の首長選に勝利してきた。地峡地域の先住民族のアイデンティティと現実の政治は不可分なものとして認識されている（北野，2008a：56-57）。

## 3．地域づくりに関わるローカルNGOの事例[4]

### （1）カトリック教会組織とローカルNGOの関係

オアハカにおける地域づくりを考えるに際して，欠かせない要素がカトリック教会組織である（写真1）。1960年代，ラテンアメリカのカトリック界における貧困対策への意識の高まりを背景とした教会組織主導の社会経済開発の取

り組みが存在した。教区を管轄する司教の指導の下，末端の聖職者は，専門家を招集し，農業，植林，識字，手工業，さらには，個人のキャパシティビルディングなどを内容とするプロジェクトを実施させた。1980年代に入り，カトリック界の関心は別の事柄に移行し，貧困対策に最も熱心な地域であったオアハカ州においても，1990

写真1　村落の中心には必ず教会がある

年代に入ると教会の関心は薄らいだ。しかし，経済危機や構造調整といった外部の経済環境の影響もあり，各地で召集された専門家たちの集団は，NGO化し，先住民族コミュニティと政府や国際機関の中間領域で機能する仲介型NGOとしての新しい役割を果たすようになってきた。この傾向は2000年代以降も発展的に継続している。こうした団体の多くは，財政面では政府の補助金や先進国の助成財団の援助に依存しつつも，いわゆる政府系NGOとは一線を画した理念に基づいた活動内容を展開しており，先進国からのNGOよりもさらに一歩，草の根に近い領域で，農業開発，環境保全，社会開発などに取り組んでいる。

　たとえば，司教の招集が契機となって1997年に設立されたNGOであるSIFRAは，食生活改善と地元食材の再発見，識字教育，女性の人権支援などを，州都オアハカ市周辺で展開する専門家集団である。加工食品，輸入食品，ジャンクフードが子供の食生活に急速に広がりつつあるオアハカ市近郊のソソコトランという町では，女性が参加する食生活改善のためのワークショップが行われ，伝統的な農法や食材の見直しと，それら食材を活用した料理の普及や商品開発の活動がコミュニティレベルで行われている。また，サチラという町では婦女暴行が頻発しているという地元司祭からの通報を受け，SIFRAが中心となって，被害者およびその家族を対象にした人権，身体，法律などに関す

るワークショップが行われ，被害者に対する偏見を乗り越えて法的な対応が始まるなど，社会のセイフティネットとしても機能しているカトリック組織とNGOとの草の根レベルでの連携がみられる。

## （2）コミュニティラジオ局とアイデンティティ戦略

　先住民族のアイデンティティは，オアハカにおける地域づくりにとっての重要な資源であり，動機である。先住民の多くは貧困層に属し，社会的には長年，差別と嘲笑の対象となってきた。テレビ，ラジオ，スペイン語による学校教育の普及により，先住民の子供の世代は先住民言語を話さない。ソケ人のある女性はソケ語を話すことがトラウマになったと語ってくれた。学校でソケ語を話すと先生に叱られた。1980年代，彼女がまだ子供の頃，母親は彼女を連れて，町に魚やその他の産品を売りに行ったり，買い物をしに行ったりしたが，母親は町でもソケ語で通していた。ある日，1人で町に行商に行くことになり，そこで母親がしたのと同様，ソケ語を用いた。すると「このインディアンは何語をしゃべっているのか」「この貧しい人々が話している言語は何語か」と人々から大いに嘲笑され，侮辱され，ソケ語を話すことを恥じるようになったという。先住民であることのコンプレックスは，近代化，経済成長への憧れとあいまって，オアハカの先住民系住民の間に広く，深く刻まれている。

　オアハカ州北部の山岳地域であるシエラフレス地域では，森林商業伐採反対運動の落とし子として誕生したコミュニティラジオ放送局を運営するNGO，コミュナリティ財団（Fundación Communalidad）が活動している。1980年頃に同地域での商業伐採を政府が許可をしたが，先住民族系住民により反対運動が起こり，シエラフアレスの自然を守る会が結成された。行政当局との再三の交渉により，地域にいくつかのアメ玉が提供された。その1つが，コミュニティラジオ局と写真現像所の設備であった。1985年頃から同地域の先住民族の若者の間に，先住民族のアイデンティティ喪失の問題提起をする歌詞と現代的な音楽性を持つ音楽グループが多数出現した。「われわれはいったい何者か」「われわれはどこに行くのか」「誰がわれわれを必要としているか」など，地域に住む

先住民若者の疑問を代弁するようなメッセージ性を持った曲を作り演奏し，地元の若者の支持を得た。その後，こうした若者がラジオ局の運営に関わるようになり，音楽のみならず，地元の祭などの情報を発信し，地域の再発見をする活動をしている。同局の最大の特徴は，住民が誰でも参加・出演できる開放性であり，参加型の双方向

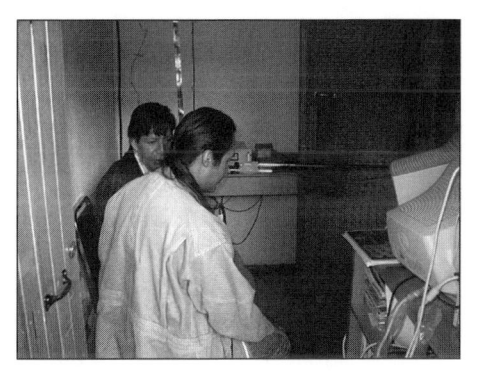

写真2　コミュニティラジオ局の様子

コミュニケーションによる自律・意識化を行うユニークな存在である（写真2）。

### （3）コミュニティの内と外を結ぶ農村青年NGO

　ローカルNGOでも，より草の根に近い段階で設立され，活動を行っているものもある。かつての日本同様，伝統的にコミュニティ内部の長老の発言が強い先住民コミュニティも，都市化の進展と近代化により，晩婚化，若者の地域外流出が深刻な問題となってきている。彼らの言葉を借りれば，大人（既婚者）でも，子供（未婚者）でもない新しい若者の出現である。

　再植林と環境保護のためのボランティア委員会（COVORPA）は，州都オアハカ市近郊の村出身の大卒の若者が地域に戻り，立ち上げたNGOで，環境保全と社会経済開発のコンサルタントとしての活動をしている（写真3）。村の長老，農業者，若者の3者を対象にした環境ワークショップでは，土壌・水質問題について問題意識を共有するとともに，環境面からの小規模農業生産の意義への理解を促している。近郊の村落の女性や非熟練層の住民を対象にした職業訓練プロジェクトでは，魚の養殖や玩具づくりなど収入源の多角化を働きかけている。

　チマラパス地域において，営農指導，環境教育，先住民族言語奨励などの活動を通じて，先住民共同体の若者のネットワーク化を進める代替技術推進セン

ター (Bibaani) は，グローバリズムに対抗する内発的ローカリズムを，実践を通じて具現化しようとするNGOである。住民の了解を得て農地1haを借り，有機野菜栽培のデモンストレーション圃場を運営している。先住民集落の子供を対象にした美術ワークショップでは，草木の絵を描かせ，祖父母にスペイン語でなく自分たちの

写真3　COVORPAが村内で運営する店舗

言葉でその草木のことを何と呼ぶのかをたずねさせる等，自分たちの文化的アイデンティティへの気付きを重視した教育啓蒙を行っている。

### （4）コーヒー生産者団体とフェアトレード

　1982年の金融危機に端を発したメキシコの構造調整は，農業・農村政策にも路線転換をせまり，政府機関や補助プログラムが廃止された。メキシコ・コーヒー公社は，コーヒーの買取や技術普及などを担当する日本のかつての食糧庁と農業改良普及組織を兼ねたような政府機関であったが，1989年に廃止され，南部のオアハカ州やチアパス州の先住民族コミュニティに多く存在する小規模なコーヒー生産者（コーヒー小農）にとっては，唯一の現金収入減であるコーヒー価格の不安定化，小農らがコヨーテと呼ぶ仲買人による買い叩きが横行し，大きな社会不安が生じた。オアハカ州では，1990年前後から，小農生産者のネットワーク化と彼ら自身による協同組合の設立，それらを広域的に支援するNGOの設立が相次いだ。

　オアハカ州コーヒー生産者調整機関（CEPCO）は，失業したコーヒー公社職員といくつかの小農組織らによって設立された団体で，自前の普及教育部門を持ち，販売・マーケティングのみならず，女性の副業支援など，コミュニティ社会開発も支援する州レベルのNGOである。現在は，有機栽培コーヒーのブ

ランド化に力を入れている。現在，州レベルの連合会に発展している。

　独立系のコーヒー団体としては，州南東部のチマラパス地域を中心に活動するイスモ地域先住民共同体組合（UCIRI）がある。現地に移り住んだオランダ人のカトリック司祭ヴァンデルホフ（Frans Vanderhoff, 1939-）らによって1983年に設立されたローカルNGOで，国際フェアトレード運動のパイオニア的な存在として，有機栽培コーヒー，社会開発，医療事業に取り組んでいる。イスモ地域の中心都市の1つであるイクステペック市にUCIRIの連絡事務所があるが，本部はそこから40km離れたラチビサという村にある。山奥のなかに忽然と現れるUCIRI本部の施設（事務所，集会所，倉庫，加工場，医療施設など）の威容には，目を見張るものがある（写真4）。スペインの少数民族，バスク人が設立したモンドラゴン生産組合が奇跡と称されるのであれば，UCIRIはもう1つの奇跡の組合といえる。世界最初のフェアトレード認証ラベルであるオランダのマックスハベラー（現在の国際フェアトレード認証ラベル）は，このUCIRIとオランダのNGOとの出会いによって誕生した（図表8-1）。本「市民参加のまちづくり」シリーズの「コミュニティビジネス編」の5章には，オランダの市民社会からみたフェアトレードの事例が書かれているので，ぜひ参照していただきたい（清水，2007）。

図表8-1　マックスハベラー認証ラベル[5]

写真4　UCIRI本部の外観

## （5）先住民の人権擁護と意識化

　先住民にはスペイン語の読み書き，あるいは会話すらできない者もおり，自分が被った人権侵害に気づかないことがある。何らかの理由によって逮捕・拘置された者に通訳を提供する活動が先住民族側からの要請によって始まり，1982年に設立されたのが，テペヤック人権センターである（写真5）。事務所は州南部の中心都市であるフチタン近郊のイスタルテペックにある。活動の地理的範囲は，センターの代表の司教が管轄する55コミュニティで，イクーツ，ミシュテコ，サポテコ，チョンタル，ミヘ，チナンテコ，ソケ，マサテコの8つの先住民族が居住している。スタッフは9人で，多くは法律に素養のある者だが，職業弁護士ではない。活動分野の第1は人権擁護であり，個人の人権だけでなく，コミュニティとしての権利も含まれる。不当に逮捕された先住民族の収監者の解放を求めるキャンペーンを行う。

　このほか，先住民族の土地所有，大規模開発への抗議等に関する法的な権利についてコンサルティング業務も行っている。たとえば，PPP発表以前の1997年に，高速道路の建設に関して不安を感じたサンカルロス・ヤウテペックの住民が訪れ，反対行動を起こすための支援を要請してきた。ある日突然，見知らぬ人たち（測量技師）が村にやってきて，後になって，それが高速道路の建設のための調査であったこと，それも実は巨大な開発計画（PPP）の一部であったことを知った。道路は区間に工事が始まり，最後にはすべてが接続されるが，当初はごく短い区間の工事しか行われないから，住民は何が始まったのか気がつかない。住民への説明や許可なしに着工するこうしたやり方が横行しているのである。これは，先住民族としての土地や資源に関する集団的権利の擁護論への根拠であり，

写真5　テペヤック人権センターにて

メキシコ政府も批准するILO第169号条約に明らかに違反する。テペヤック人権センターは，住民に条約に基づく先住民の権利概念を教えている。すなわち，権利概念の教育と意識化である。これには，開発に関するものだけでなく，女性や子供の権利に対する啓蒙・教育も含まれる。

## （6）人材を育成し，NGO同士を結ぶNGO

　現地でのプロジェクトよりも人材育成と開発教育に特化した団体もある。異文化出会い・対話センター（CEDI）は1999年に設立された。その名が示すとおり，異なる文化間の交流と相互理解を促進する活動をしている。異なる文化とは，第1にオアハカの16の先住民族間の相互理解である。第2はアメリカなど先進国の研究者と学生に先住民族や貧困層の実態を理解させる研修業務である。同時に，先住民族の文化，経済，社会，政治など各方面にわたる調査研究業務，ワークショップ，成果の出版，資料センターの運営なども行う。各種のローカルNGOへの支援や交流の場として機能し，NGO，市民団体，海外のNGOや研究者をつなぐネットワーク拠点，知のハブ機能を持つNGOである。ニューヨーク州立大学の現地教育プログラムも担当している。

　CEDIには，地球大学（UniTierra）という，教育に特化したNGOが併設される。職員，施設は同一である。正規の大学ではないが，大学レベルのトレーニングを行っている。先住民族や貧困層の青年が必要とする実用的かつ専門性の高い知識や技能を修得する機会を提供する。就学期間は半年〜2年半である。地域への貢献を念頭において，各学生がプロジェクトを設定し，それを通じて必要な技術や知識を習得する。また，海外からの留学生，研修生との交流の場と

写真6　地球大学の教室

しても機能している（写真6）。

　CEDI・地球大学のような団体は，プロジェクト実施型の NGO の人材育成を担うとともに，ローカル団体間のネットワークの促進，海外の研究者・学生との交流を行うなど，人材・情報面におけるローカルなものとグローバルなものとの橋渡し役を担っている。

### （7）ローカル NGO の育て親たち

　ローカル NGO の設立には多くの場合，聖職者，元政府職員，教員などの知識人が関わっている。しかし，こうした知識人たちが，トップダウン的に一方的にコミュニティを教化したわけではない。

　たとえば，地球大学の設立は，元政府高官だったエステバ（Gustavo Esteva, 1936-）が，著名な思想家であるイリイチ（Ivan Illich, 1926-2002）との長年の交流と対話を経て，地元の先住民系の青年グループと共同で設立したものである。青年グループは，エステバによって組織されたのではなく，もともと独自の運動を展開しており，エステバ氏との偶然の出会いによって，地球大学は誕生した。UCIRI の場合も同様である。前出のヴァンデルホフは，1970 年代初頭のチリ滞在中にブラジルの教育学者フレイレ（Paulo Freire, 1921-1997）に出会い，草の根の人々との対話と学習から彼らの意識を覚醒させる術を得た。この経験を生かして，事実上の亡命先であるオアハカ州の山村で，地元住民との協働による先住民族組合を立ち上げ，国際フェアトレード認証ラベルを考案することになったのである。

　中央から草の根に活動の場を移した元エリートだけがこの運動の担い手ではない。草の根民衆知識人ともいうべき，学歴も経済力も持たない地元出身の普通の人々が，問題意識を高め，実践活動に必要な専門スキルを会得し，コミュニティと，外部の NGO や生まれ変わった知識人をつなぐ仲介者として，重要な役割を果たしている。これについては，後段でもう少し説明を加える。

## (8) 小　括

　オアハカ州にはすでに 2000～01 年の時点で，少なくとも 292 のローカル NGO が存在していた（Moore et al., 2007）。比較的狭い地理的空間に高密度に取り組みが展開されている。本章でみたものは，オアハカ州で 2000 年代に活動しているローカル NGO の事例のごく一部である（図表 8－2）。紙幅の関係で活動や知識人の個人史の詳しい内容は紹介できなかったが，それらについて

**図表 8－2　本章で言及した現地 NGO の一覧**

| | 団体名 | 設立年 | 設立者 | 所在地（本部等） | 活動範囲・対象の地理的広がり 海外 | 州/広域 | 地域 | 共同体 | 団体の性格分類 |
|---|---|---|---|---|---|---|---|---|---|
| 1 | 女性の訓練と育成・コレクティブ・シフラ（SIFRA） | 1997 | 職業専門家 | オアハカ市内 | | ◎ | ○ | ○ | 専門的サービス提供 |
| 2 | テペヤック人権センター（Tepeyac） | 1992 | 司祭 | フチタン市近郊 | | | ◎ | ○ | 専門的サービス提供 |
| 3 | コミュナリティ財団（Fundación Comunalidad） | 1995 | 地域内青年有志 | ゲラタオ | | | ◎ | ○ | オルタナティヴメディア事業 |
| 4 | 再植林と環境保護のためのボランティア委員会（Covorpa） | 1994 | 地域内青年有志 | オアハカ市近郊 | | | ◎ | ○ | 実践と啓蒙 |
| 5 | 代替技術推進センター（Bibaani） | 1998 | 地域内青年有志 | フチタン市近郊 | | | ◎ | ○ | 実践と啓蒙 |
| 6 | オアハカ州コーヒー生産者調整機構（CEPCO） | 1989 | 元政府職員，農民 | オアハカ市内 | | ◎ | ○ | | 地域内会員組織の連合体 |
| 7 | イスモ地域先住民族共同体組合（UCIRI） | 1983 | 司祭 | ラチビサ | | | ◎ | ○ | 地域内会員組織 |
| 8 | 異文化出会い・対話センター（CEDI） | 1999 | 元政府高官 | オアハカ市内 | ○ | ◎ | | | ネットワークづくり・情報提供・調査研究 |
| 9 | 地球大学（UniTierra） | 2001 | 元政府高官，青年有志 | オアハカ市内 | ○ | ◎ | | | 教育活動（「学び」） |

は，拙著（北野，2008a）を参照していただきたい。

　ただし，NGOのほとんどは，助成団体など海外のドナーや政府の補助金に依存しており，財政的な自立度は極めて低く，脆弱な存在である。助成金の申請書作成にスタッフが多大な時間を費やしていることは，日本のNPOの状況とさほど変わらない。

## 4．「社会を変えること」への含意

### （1）グローバリゼーションと場所的実践

　グローバリゼーションへの反応について，メキシコの文脈として，まず理解しておかなくてはならないのは，新自由主義的政策による政府サービスの後退を背景として，現場での自助努力でそれを埋め合わさざるを得ないという要請が働いているということである（政府からのpull要因）。同時に，急激なグローバリゼーションと近代化志向の開発の進展に対する不満も働いていた（現場からのpush要因）。この不満には，森林や農地などの生存基盤の収用といった直接的な脅威，先住民や農民としてのアンデンティティや風習を守るといった間接的な次元のものの双方が含まれている。

　経済地理学に空間と場所の弁証法という考え方がある。ここでいう空間とは，可視的で実存的な物理的・絶対的空間ではなく，既存の時間・空間概念を超越した資本フロー，情報フロー，人的つながりなどを踏まえた相対的空間を意味する。場所とは経験的な概念であり，その土地固有のアイデンティティと風土，すなわち，土地の人々の経験と歴史が反映されている主観的で集合的な意味合いから成る現象が場所である（北野，2008b）。グローバリゼーションという空間的な現象の影響下において，場所的実践の重要性が高まる。グローバリゼーションの伝達役としての新自由主義的政策に翻弄され，飼い慣らされるのではなく，断片的な自己防衛や排外的アイデンティティの主張に傾くのでもなく，地域社会と住民，それらを支援するローカルNGOや協同組合的団体が地域社会の空間的意味と場所的役割を学習によって再定義・再構築し，外部の政治経

済動向に能動的に対応する（カステル，1999：271-279）。先住民族，農民，若者を含む地域住民とそれらの人々を支援する各種の非営利・非政府団体の取り組みはこの場所的実践の一翼を担うものと理解することもできる。

### （2）取り組みにみる現場型リーダー

　現代の日本社会において，「知識人」という言葉はもはや死語になってしまった。複雑化し流動的になってきた社会の変革に，19世紀型あるいは20世紀型の古典的知識人は時代遅れだと考える向きもある（小熊，2012）。事情が異なる日本とメキシコの社会変革の取り組みを単純に比較することはできないが，ここではオアハカ州での事例から見出された2つの現場型リーダー像について，簡潔に整理しておく。

　第1は，生まれ変わった知識人，脱プロ知識人ともいうべき人々である。彼らは高等教育を受けた（元）政府職員，教員，医師，聖職者などのインテリである。彼らに共通するのは，安定的な社会的地位から踏み出し，常に現場に身を置き，人々のオーガナイザー，ファシリテーターであろうとする態度である。これらの活動が草の根に天下ったインテリによって先導（扇動）されているという一面的な理解は正しくない。

　第2は，草の根民衆知識人ともいうべき，無数の無名の若者，女性，農民など，コミュニティや社会運動のなかから浮かび上がってきた現場たたき上げのリーダーたちである。多くは高等教育とは無縁な存在であったが，脱プロ知識人たちとの出会い，NGOネットワークのなかでの専門的教育訓練（地球大学など）を経て，自ら団体を立ち上げるなど，頭角を現してきた人々である。

　この2種類の知識人たちが相互につながり，NGOのような組織を介して，人的交流，情報提供，資機材の融通などを通じた緩やかなネットワークが形成されている（図表8-3）。そこでは，マクロ政治経済環境やエスニックアイデンティティだけでなく，知識人個人が経験したさまざまな出来事や時代背景が彼らの価値観や動機付けとして濃密に作用している[6]。では私たちは，グローバリゼーション下における場所的実践という文脈において，この現場型リーダー

図表8－3　ネットワークおよび構造・主体（アクター）の関係

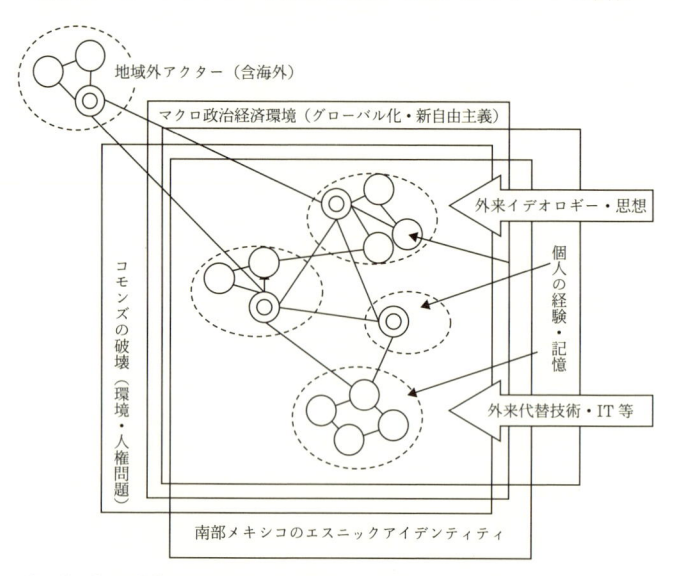

注1）◎は「生まれ変わった知識人」「脱プロ知識人」を，
　　　○は「草の根民衆知識人」をイメージしている。
注2）詳細は北野（2008）「終章」を参照せよ。

にいかなる意義を見出し得るであろうか。絶えず変化していく政治経済情勢のなかで，地域は自ら能動的な存在として，外部に開かれつつも，自律・自立的に運営され，生活，環境，資源，文化を守りながら持続可能な発展のあり方を求めていく「問題解決のプロセス」を希求していかねばならない（北野，2008c；小田切，2012：327）。

　このプロセス重視型の地域観における知識人・リーダーの役割は，地域に潜在的に存在する住民の意欲や能力を引き出しまとめる力であり，外部の諸資源や人材と地域をつなぐ橋渡しをする人脈や見識でもある。すなわち，政策的環境と地域づくりの現場を媒介し，変化を誘発させるカタリストとしての役割である。これは，社会運動論の色彩が強いオリジナル内発的発展論におけるキーパーソン[7]（鶴見，1996），西欧の農村開発政策論で近年提唱されているネオ内発的発展論における再帰的専門家[8]（レイ，2012：167）の役割に重なる。動機

付けされた個人という人的資源の存在とその発現の有様(ありよう)は、オアハカ州の内発的発展運動が示す大きな教訓の1つである。

### （3）「社会を変えること」とは

最後に大風呂敷を広げて、社会と私たちとの関係について考えてみたい。

通常、私たちは、社会や経済がまず先に存在して、その状況に応じて個人や集団の行動が決まると考える。「容器」に応じてそのなかで生息する「生き物」の行動が決まるということである。つまり、「構造」が市民社会を規定しているという理解である。だが、その「容器」が虫かごや水槽ではなく、現実の自然環境だとすれば、「生き物」の行動がその生息環境を良い意味でも、悪い意味でも変えていくということも当然起こり得るだろう。これを人間社会に置き換えてみれば、動機付けされた個人や集団の活動が「構造」を逆規定していくこともあり得ない話ではない。

試論の域を出ないが、図表8－4はオアハカ州での調査取材に着想を得た「構造」と「主体」の関係のイメージである。「主体」とは個人（主として2種

図表8－4　「主体⇔構造」関係の捉え方

主体は構造のなかで形成され、同時に主体の行動は構造によって規定される

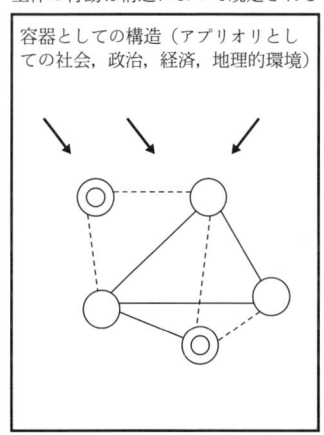

容器としての構造（アプリオリとしての社会, 政治, 経済, 地理的環境）

主体群は自らの行動を通じて構造に作用し、再生成・変化させる存在である

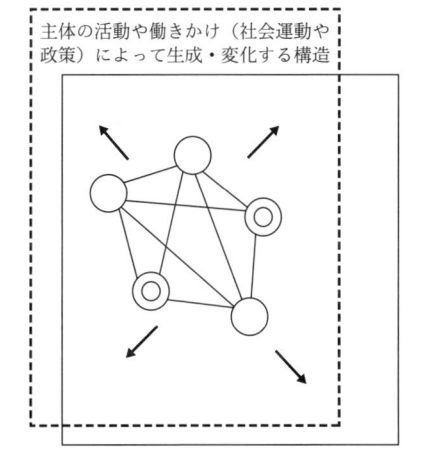

主体の活動や働きかけ（社会運動や政策）によって生成・変化する構造

類の知識人）や集団（主としてローカル NGO や先住民共同体）を指す。動機付けされた個人＝知識人は社会変革のための資源と考えられるが，個々人の価値観や動機というものは，彼・彼女が生きてきた時代空間（政治，経済，社会，思想）のなかでの自身の学びをつうじて形成されてきたものである。つまり，人的資源が「構造」に規定されて形成されてきたということである（左図：個人と時代との対話・交渉という観点≒主体形成論）。一方，グローバリゼーションへの反応の担い手として，彼・彼女らは，草の根やトランスナショナル／トランスローカルな社会・政治空間における媒介者，ネットワーク結節点としての役割を果たす。「構造」を逆規定する存在としての人々や団体という捉え方である（右図：さまざまな権力関係のなかで実際に個人や集団がどのように活動を展開するかという観点≒権力関係論，そしてその権力関係が容器としての社会を逆規定する）。

## 5．おわりに：市民社会とグローカル公共空間

　市民社会という言葉を耳にしたとき，私たちがイメージするのは西欧の都市文化に立脚した民主的で成熟した市民社会のイメージである。そこには都市的エリート層といったイメージがある。しかし，市民社会が政府や市場の領域とは異なる次元で，自発的に組織された領域だとすれば，第三世界の発展途上地域においても，その文化に固有な「市民社会」があって然るべきではないか。そこで先住民族や農民が排除される理由はない。

　こうした議論は，私たちに「公共」とは何かという問いを突き付ける。本来，「公」とは，すべての人々，すなわち，万人のことであり，当然そこには生活者・生産者である地域住民や一般市民が含まれるはずである。公共性とは万人に共通（common）なもの（こと）を指す。したがって，公共空間とは「官」（国家・政府），「私」（市場経済・企業），「共」（市民社会，共同体）を横断した経済社会の便益と福祉の増大のための対話と交渉の「場」でなければならない。グローバリゼーションへの反応としてのローカルな諸活動の活性化，換言すれば，グローバルなものとローカルなものとのせめぎ合いによって形づくられる公共

空間を「グローカル公共空間」として捉えることもできる。

　前出のエステバはいう。グローバル企業や政府や政党に対抗することはできないし，もしそれをやろうとすれば，自分たち自身も現場から離れた別のものになってしまう。現場における実践以外に選択肢はない。同じ問題意識を共有できる仲間を探し，身の回りを点検して，できることから始めるべきだ，と（北野，2008：49-50）。「社会を変えること」とは，実践，実地，現場に目を向けるという当事者的，主体的態度から生まれるのかもしれない。オアハカで出会った人々から筆者が学んだ教訓である。

## [注]

（1）本章の記述の大部分は，拙著『南部メキシコの内発的発展とNGO』（北野，2008a）の内容，およびその後に発表したいくつかの論考（北野，2009，2011など）に全面的に依拠している。一部段落単位の引用も含まれるが，本章では特段の引用標記をしていない部分があることをお断りしておく。
（2）ただしメキシコが比較優位を有する野菜分野では，企業的農業経営が進展し「経済発展」がみられていることから「メキシコ＝NAFTAにおける敗者」という図式に疑義を唱える論者もいる（谷，2012など）。
（3）外資工場誘致の優遇を行い，相対的な低賃金労働力を活用して外貨を獲得する。
（4）本節はオリジナル稿（北野，2009）の一部に加筆修正を加えたものである。
（5）http://www.folken.no/index.php?Side=00000000018&Meny=00000000029&Artikkel=00000003687&Aksjon=visartikkel（最終閲覧日2012年9月7日）
（6）北野（2008a）第1部の知識人たちのライフヒストリーを参照せよ。
（7）外部との連係の開拓・拡大，地域づくり等のアイデアの提供，さらには，地域社会の活性化において重要な役割を果たすリーダーシップを備えた特定個人のこと。
（8）政策と地域住民を媒介し，住民参加と社会学習を促すカタリストしての専門家。この場合の「再帰性」とは農村開発・地域づくりへの働きかけのプロセスから専門家自身も学習し，考えや関わり方を柔軟に変えていくという意。途上国農村開発を対象にした開発行政学等においても，同様のカタリスト概念が理論化されている。

## [参考文献]

小熊英二『社会を変えるには』講談社現代新書，2012年。
小倉英敬「現代メキシコにおける市民運動」『ラテンアメリカ研究年報』19，1999年，pp. 117-150。
小田切徳美「イギリス農村研究のわが国農村への示唆」，安藤光義・F. ロウ編『英国農村における新たな知の地平』安藤訳，農林統計出版，2012年，pp. 321-336。
カステル，M.『都市・情報・グローバル経済』大澤善信訳，青木書店，1999年。
北野　収『南部メキシコの内発的発展とNGO』勁草書房，2008a 年。
北野　収「地域づくり，農村計画における「場所」と「空間」，地域での実践の意義」，北野　収編『共生時代の地域づくり論』農林統計出版，2008b 年，pp. 259-278。
北野　収「地域の発展を考える3つの視点」，北野　収編『共生時代の地域づくり論』農林統計出版，2008c 年，pp. 9-25。
北野　収「新たな「公共」的社会を模索する地域（南部メキシコ）の取り組みについて」，『アジェンダ』25，2009年，pp. 56-67。
北野　収「新自由主義・連帯経済・コンヴィヴィアリティ」，『農村計画学会誌』30（1），2011年，pp. 46-49。
国本伊代『メキシコの歴史』新評論，2002年。
孤崎知己「ラテンアメリカ開発の課題」，稲田十三ほか『国際開発の地域比較』中央経済社，2000年，pp. 99-224。
清水　正「オランダ市民社会におけるフェアトレード」，伊佐　淳ほか編『市民参加のまちづくり［コミュニティビジネス編］』創成社，2007年，pp. 81-94。
谷　洋之「メキシコにおけるトマト生産」，『開発学研究』22(3)，2012年，pp. 9-16。
鶴見和子『内発的発展論の展開』筑摩書房，1996年。
『日本農業新聞』1面，2011年5月2日。
フィッティング，E.『壊国の契約：NAFTA 下のメキシコの苦悩と抵抗』里見　実訳，農文協，2012年。
レイ，C.「再帰的な専門家と政策プロセス」，安藤光義・F. ロウ編『英国農村における新たな知の地平』安藤訳，農林統計出版，2012年，pp. 165-187。
Esteva, G., "Oaxaca: The Path of Radical Democracy," *Socialism and Democracy*, 21(2), 2007, pp. 7-30.
Moore, S., et al., "Mapping the grassroots: NGO formalization in Oaxaca, Mexico," *Journal of International Development*, 19(2), 2007, pp. 223-237.

# 第9章

# 韓国の社会変動と市民参与
―戸主制廃止の事例をもとに―

金　福圭[1]
[啓明大學校行政学科]
訳　伊佐智子

## 1．はじめに

　2005年3月2日は大韓民国（以下，「韓国」と省略する）における女性史上，特筆すべき日である。過去50年間継続してきた戸主制廃止を中心とする民法改正案が国会を通過したからだ。これを機に，同年3月31日，待望の民法改正法が成立し，2008年1月1日，新民法の施行により戸主制廃止が実現した。本稿では，韓国における戸主制廃止にいたる過程を通観し，女性を中心とした市民参加，ならびに，戸主制廃止によって得られるべき男女平等の実質的効果について，各種資料および文献を用い分析していく。

## 2．韓国戸主制の概要と具体的問題点

### （1）戸主制の概要

　「戸主」とは，「同一戸籍に記載される家族構成員を統率し支配する者」であり，「家を継いでいく者」という概念も含まれる（大韓民国民法第778条）。戸主制は，「家」という観念的家族団体を前提として，家族は，戸主を中心とする同一戸籍に入れられた構成員によって構成されている。

こうして，戸主とは同一戸籍上に名目的に存在する形式的概念である。戸主は「家」を代表し，戸主には同一戸籍内の家族構成員を統率する権利と義務が付与された。その結果，戸主制は，家族関係を従属的・権威的に規定する効果を持つと考えられた。とりわけ，戸主制は，主として男系の血統のみを通して「戸主」の地位を承継する制度であり，これは，女性に対する男性優越の意識を助長するといえる。

　そもそも韓国の歴史における「家」および「戸籍」の概念では，「家」とは，高麗および朝鮮時代における家系の身分証明であり，その起源は，労役，税務資料の戸籍制度に由来するとされる。

　他方，「戸籍」は，家長を中心とし，実際に，同居する者で編成された記録（現在の住民登録）であった。農耕社会を基盤に，儒教が導入され，宗法制の確立によって「戸籍」が成立した。「戸籍」と「戸主制」とは，そもそも同一起源を持つ概念でないことは重要である。高麗時代にも「戸」という概念はあったが，「戸主」という用例は存在しなかったことがわかっている[2]。

　韓国の「戸主制」は，日本による植民地政策がその機縁であり，日本統治下の「戸主制」と「家」制度が，朝鮮（当時）の「戸籍制度」と慣習法とに導入されて誕生したと考えられる。1896年以来，民籍法，慣習調査報告[3]，朝鮮民事令[4]等を通して，朝鮮の家長権に「戸主制」が導入された。「戸主制」は，朝鮮の伝統的家族制度に合致するとみなされたようだ。

　日本から導入された戸主制の特徴は，戸主が統率する「家」を前提とし，その重要な要素は，「戸主権」であり，この権限は，「戸主」という身分を超世代的に継承することを保証した。「戸主権」は嫡出の長子が単独で受けることができ，「家族」の相続である。

　第二次世界大戦終了後の1948年，戸主制は，家族構成員個人の主体的人格を「家」に埋没させ，これを無視する反民主的な制度だという理由で，形式上憲法違反とされ，制度的には廃止すべきとされた。1949年には，女性界から，男女平等を実現する新民法の制定を求める建議書が出された。

　しかしながら，1958年2月，民法上の戸主制が韓国の伝統的家族制度に合

致するように新民法に反映された結果，以後，50年間継続して韓国社会に戸主制が存続することとなった。

　新民法では，伝統的な家族制度の維持を明文で規定し，戸主権やそれに関連する相続制度を「戸主相続制度」として認定した。この「戸主相続制度」では，戸主の直系卑属である長男が，分家，一家創立，入養（養子縁組）することを禁止し，戸主相続を放棄することも禁止した。

　加えて，戸主が行った養子縁組を罷養（離縁）することも禁止し，そのほか，胎児の段階での戸主相続，戸主の死後の養子縁組，また，遺言養子縁組が規定された。例外的に，男子がない場合に限って，女子が戸主となることが認められた（直系卑属女子の戸主相続権の認定，入夫（入り婿）婚姻による家系継承など）。

　戸主制そのものには議論も多く，廃止の要求も依然高かった。1990年民法改正では，戸主制そのものは存続したものの，制度の見直しがなされた。そこでは，戸主承継について，入夫（入り婿）婚姻が除外され，それに関連するすべての規定が削除された。さらに，戸主承継の放棄禁止規定を削除し，戸主承継の放棄権が新設され，長男も放棄可能とされた。そのほか，一家創立は，男性のみの権利だったが，女性の一家創立権も規定された。

　1990年の民法改正で戸主制が見直されたのは，長男に代表される男子だけが，「家」という観念，および「身分」の象徴としての「戸主」を承継してきたからである。戸主制存続により，男尊女卑の考え[5]や，子産みにおける男児選好等の傾向が強まり，結果，男女差別助長の要因となっていることが危惧されていた。また，女性が，男児を産み，家を承継させなければならないという間違った認識や義務感を植え付けられ，幾世代にもわたり男女差別を継承することが懸念されたことが誘因である。

## （2）具体的問題点

　戸主制の問題点をあらためて明確にしておく。戸主制は，戸主を頂点として，その親戚関係のなかに，義理のみによって構成される観念的（形式的）な階層を形成した。これには，現実社会に存在する「実質的」な家族の意味を不明確

にし，さらに，戸主が強大な戸主権を所有したことで，各家族構成員の人権が保障されなくなった。また，前述のように，家族制度における男女間の不平等を助長する原因とみなされた。男性から独立して，離婚，再婚したり，あるいは，非婚（未婚）の状態にある女性が，実質的な家族構成員を得る機会を剥奪された。さらに，出生した子について，母の姓を付与する機会が剥奪された。

　これらはすべて，家族関係および社会的関係が「戸主」を中心に規定され，これが男女差別の根源であることが指摘された。つまり，戸主制が，男性のみに承継権や決定権限を付与することで，また，そのための男児出産を義務と感じさせることで，家族内における女性の存在意義を否定するという価値観を生じるからだ。これは，出生における性比率にも影響し，男児出産の割合が高まるなど，顕著な差異を生じさせ，社会問題となった。男性優位思想は，女性の社会進出機会も剥奪するなど，さまざまな社会問題の根源と考えられた。

## 3．戸主制廃止の論拠および過程

### （1）戸主制廃止論者の主張と反対論

　以上のような戸主制の諸問題が指摘され，戸主制廃止を求める論者たちはさまざまな論拠を展開した。

　まず，戸主制の違憲性問題である。大韓民国憲法4条，同11条，同36条，同37条は，個人は，法の前に平等であり，婚姻と家族生活において両性が平等な存在であることを規定する。しかしながら，現実社会においては，戸主を頂点に家族構成員が序列化された。これは，個人が主体的に自己の法的地位を形成する機会を剥奪され，その自律的な法律関係形成を阻害するものだ。また，婚姻および家族生活において，その構成員間相互の平等な法律関係形成を妨げ，男性に優先的地位を認定する。これらは，合理的な法的根拠を欠き，男女を性別により差別することは憲法に違反すると主張した。

　第2に，非歴史性の問題である。戸主制は男子のみを継承者としたが，朝鮮の伝統的考え方では，家族内で娘と息子とを差別しなかった。朝鮮王朝の中〜

後期に関しても，中国から輸入した宗法制による長者相続（家系継承）は存在したものの，息子が母より優先されたり，あるいは，事実的同居の有無にかかわらず，戸主を中心とした抽象的形式的家族関係を規定する戸主制のような制度は存在しなかったとする説もある。実質的家族生活とは無関係な「家」概念の登場は，1915年3月民籍法改正から開始され，この時点から伝統的戸籍制度に代わって，「戸主制」を中心とする戸主権が家父長権として創出されたとする。

第3に戸主制の非現実性問題である。1990年民法改正で，戸主の実質的権利義務は大部分削除され，戸主制はもはや形骸的制度となっていた。こうして戸主の実質的地位が弱体化したものの，依然，存在する形骸的な戸主制度によって以下のような慣習上の弊害が存続した。つまり，①女性が夫の籍に入ること，②子が父の籍に入ること，③直系卑属が優先承継するが，男子が優先的に戸主を承継すること，④夫婦間で出生した子には父の姓だけを付与すること，⑤婚外子（非嫡出子）の入籍における差別，などである。

これらの弊害を克服するための現実的必要性も存在した。離婚，再婚および非婚（または未婚）の母の子の姓の問題や，その子の家族における身分的地位の問題，そして，これらの子に対する社会的差別の問題解決が必要であった。母が子連れで再婚する場合，子の姓と新しい夫の姓とが異なり，これにより連れ子が家族内で疎外感を経験する等の問題が生じていた。この当事者は，一部とはいえ，深刻な社会問題と感じられた。

戸主制廃止論に対しては，根強い反対論も存在した[6]。戸主制存続論者は，廃止論者が主張する戸主制の違憲性と非歴史性を次のように否定した。すなわち憲法は，伝統文化の継承発展と民族文化の伝達における国家の義務を規定し，婚姻と家族生活に対する憲法上の制度的な保障を規定している。戸主制廃止は韓国の「美風良俗」を侵害するものであり，戸主制を存置し，男女不平等の要因を除去することで，違憲性問題の解決をはかることは可能である[7]。

## (2) 戸主制廃止運動

### ① 第1期 (1948年～1958年改正法まで)

以下では，戸主制廃止運動がいかに展開されたかを論じる[8]。

1948年12月，独立国として，民法制定に向けた民法典編纂委員会が政府内に設置され[9]，翌49年6月には親族相続法要綱の審議が開始された。戸主制は，日本統治下の朝鮮にすでに導入されていたが，新たな制定法に戸主制を存続させることには，女性界からの反発が大きかった。女性界の代表は，49年と53年3月の2回にわたり，男女平等を理念とする法律方針に照らして新民法を制定するよう，法典編纂委員会に対して建議書を提出した。

53年9月，家族法原案が完成し，翌54年10月，法廷編纂委員会が政府提出法案を国会に上程，55年3月に国会の法制司法委員会で審議が開始された。法案には，当初，戸主制規定がそのまま存置されていた。

これに対して，女性たちがさまざまな運動を展開していった。56年8月，女性法律相談所（当時，現・韓国家庭法律相談所）を中心に本格的な家族法改正運動が繰りひろげられた[10]。57年4月，戸主制廃止を求める女性団体が国会公聴会に参加し，そこで，家族法上の男女差別は違憲であると主張した。さらに，家族法の初案審議要綱に対する意見書を提出し，以後，戸主制廃止のための請願書，呼訴文（陳情書）など，さまざまな政治的働きかけを行った。57年9月，国会法制司法委員会は民法修正案を決定し，同年12月，定期国会でこの修正案が可決され，新民法（法律第471号，1958年2月，1960年1月1日施行）が成立した。結果的に，戸主制は韓国の伝統文化に合致するように明文で規定された。

1958年民法は，事実上の新法だったが，以前に施行されていた旧民法関連法（民籍

図表9－1　1958年改正民法の戸主制に関わる変更点

1. 家族構成員の婚姻，養子縁組，分家に必要な戸主同意権の廃止
2. 戸主相続と財産相続の分離，財産相続は被相続人の死亡を原因としてのみ開始
3. 妻の無能力制度廃止
4. 夫婦別財産制の採用
5. 養子制度改革
6. 母系血統継承の認定

法，朝鮮民事令，戸籍法等，前述）が存在したため，相当の期間，「新民法」と称された。1958年新民法においては，戸主権の権限内容はそれほど大きくは変更されなかったものの，たとえば，家族構成員が婚姻，養子縁組，分家する際に必要な戸主同意権等が廃止され，家族構成員に対する多くの戸主の権限が削除されたという側面もあった（詳しくは図表9－1参照）。

② 第2期（1970年代～1990年改正法まで）

1958年新民法により戸主制度の実質的弱化は実現したものの，男女差別の根源的温床とされた戸主制自体は存置されたため，多くの女性たちに不満が残った。その結果，戸主制廃止運動は，新民法制定後もさらに継続された[11]。

まず，韓国家庭法律相談所，韓国女性団体協議会，大韓YWCA連合会は，共同で家族法改正を目指す講演会を主催し，市民の啓蒙活動を展開した。1973年6月，前述の3団体を中心とした合計61団体が汎女性家族法改正促進会（以下，「家族法改正促進会」と略記する）を結成し，家族法改正大綱として10大項目を公表するなど（図表9－2），戸主制廃止実現に向け，具体的活動が進められた。

1974年，家族法改正促進会が国会に提出した法改正についての意見書では，戸主制廃止が要望された。75年4月，新たな民法改正が議論され，女性議員を中心として国会に家族法改正案が提出された。同年11月にはこのための法制司法委員会が設置され，小委員会が置かれたものの，その後1年を経ても家族法改正に関する十分な審議はされなかった。76年12月の公聴会では，法制委員会小委員会が，「人口増加を阻止するためには男児優先思想を解決しなければならない」という政

図表9－2　家族法改正要綱10大項目

1．戸主制度の廃止
2．親族範囲決定における男女平等[12]
3．同姓同本禁婚制度の廃止[13]
4．帰属不明な夫婦財産を夫婦共有財産へ
5．離婚配偶者の財産分配請求権の確立
6．協議離婚制度の合理化
7．父母の共同親権の確立
8．嫡母庶子関係と継母関係の是正[14]
9．相続制度の合理化
10．遺留分制度の確立

府の発表に影響を受けた。

　77年12月，イ・ボムズン，鄭大哲議員[15]（チョンデチョル）の支援のもと，家族法改正のための請願書が国会に提出されたが，結果，成立した家族法改正法（1977年12月31日法律第3051号，1979年1月1日施行）[16]でも戸主制廃止は実現しなかった。

　その後の重要な動きとしては，憲法改正と韓国憲法裁判所によってなされた憲法不合致決定[17]がある。1980年10月，第8次憲法改正では，憲法34条「婚姻と家族生活は，個人の尊厳と両性の平等を基本として成立し，維持されなければならない。」という条文が新設された。さらに，84年5月に国連の女性差別撤廃条約に批准すると，87年10月，第9次憲法改正で，憲法11条1項「すべての国民は法の前に平等である。何人も性別，宗教または社会的身分によって政治的，経済的，社会的，文化的生活のすべての領域において差別を受けない。」，および，同36条1項「婚姻と家族生活は，個人の尊厳性と両性の平等を基礎に成立して維持されなければならず，国家はこれを保障する。」とされた。これらの条文が，男女差別の温床となっていた戸主制の存在を問題視させることにつながった。

　1977年の第1次民法改正では戸主制廃止が実現しなかったため，女性たちによる戸主制廃止運動はいっそう活発になった。改正民法施行の翌年，80年には，戸主制廃止に向けた家族法改正のための署名運動が広がった。82年7月，韓国家庭法律相談所によって家族法改正要求建議書が提出された。前述のように，同年10月，第8次憲法改正で，個人の尊厳と両性の平等を規定した憲法第34条が新設された。これを受け，82年11月，大韓YWCA連合会が，「家族法は，改正されなければならない」というタイトルを付した冊子を大々的に配付した。

　84年5月，韓国政府が国連女性差別撤廃条約に批准すると，同年7月には，「家族法改正のための女性連合会」（以下，「女性連合会」と略記する）が結成され，同会長に李兌榮（イテヨン）（韓国家庭法律相談所所長）が就任，78団体がこれに加入した。女性連合会は，団体別の署名運動や，家族法改正のためのポスター作成と宣伝配布，大統領はじめ関係国務大臣，国会議員等に家族法改正を促す建議書の発

送を行った。

　戸主制廃止運動第 2 期においては，家族法改正のための効果的な国会活動と同時に，他方で，国際社会からの改正への要請も高まった。1986 年，第 6 次経済社会発展 5 カ年計画には男女差別撤廃方針が発表され，男女差別撤廃の実現が義務づけられた。そのため，同年 11 月，キム・ヨンチョン議員のほか 60 名の国会議員を中心としたグループ提案で家族法改正案が国会に上程された。女性連合会[18]は，国会議員全員に立法参考資料を発送し，戸主制廃止について国会議員の理解を深めるよう尽力した。

　88 年 4 月，国会議員総選挙を機に，同年，立候補者全員を対象にした家族法改正アンケート調査を展開するとともに，同年 9 月には総選挙で当選した国会議員を対象にアンケート調査を行い，戸主制廃止に向け，国内の問題意識を高めるよう活動を継続していった。同年 11 月には，家族法改正のための署名および請願書が国会に提出された。

　1988 年 11 月，女性連合会が作成した改正法案が議員立法によって国会に提出された（金長淑議員，朴榮淑議員等の女性議員主導）。これを受けて国会の法制司法委員会に小委員会が設置された。89 年 12 月，国会法制司法委員会において家族法改正のための参考人陳述が開催され，その後，修正された家族法改正案は，国会・法制司法委員会を通過後，国会本会議で可決された。1990 年民法改正では，戸主制関連内容の大幅な改正がなされた[19]（図表 9 － 3）。

　1990 年改正民法（1990 年 1 月 13 日法律第 4199 号，

**図表 9 － 3　1990 年改正民法，戸主の権利・義務に関する改正点**

| |
|---|
| 親族範囲を父系・母系各 8 親等までに平等化 |
| 長男の戸主相続放棄が可能 |
| 長男の分家，他家と養子縁組締結が可能 |
| 戸主権の内容削除（家族に対する居所指定権，家族内の成年男子の強制分家権，家族内の未成年者後見人となる権利 |
| 所有権が不明確な家族財産を戸主所有権取得から家族共同所有へ） |
| 戸主となる長男の財産相続における特権喪失 |
| 前戸主の墳墓帰属財産及び関連相続は祭祀担当者に |
| 死後養子，遺言養子の廃止 |
| 戸主となった養子の罷養（離縁）禁止削除 |
| 戸主と家族間の扶養義務削除 |

1991年1月1日施行)[20]では,「戸主相続」から「戸主承継」へ[21]移行し,同時に戸主制関連規定の大規模な実質的改正も実現した。これにより,戸主の権利および義務の内容が大幅に削減され,親族範囲は父系・母系ともに各8親等までに調整された(図表9－3参照)。また,これまで戸主相続を拒否することができなかった長男にも,戸主相続の放棄が可能となり,分家や,他家と養子縁組することが可能となった。

③　第3期(1990年代～2005年改正法まで)

1995年4月,韓国家庭法律相談所が中心となり,同姓同本禁婚規定に対する違憲訴訟を提起した。また,これと歩調を合わせ,97年3月,韓国女性団体連合が父母姓並列記載を求める署名運動を開始した。同年7月16日には,韓国憲法裁判所が,同姓同本禁婚規定が憲法違反であると決定を下した[22]。

98年5月には,法務部(法務省)が家族法の改正案試案を準備し,それに向けた公聴会を開催した。98年11月,民法中改正法律が国務会議で確定された。

同時期,戸主制廃止への市民運動も広まり,市民の側では,1998年11月「戸主制廃止のための市民の会」が創立された。

翌99年3月,国会法制司法委員会が,「民法改正案」に関する公聴会を開いたが,同年4月,韓国家庭法律相談所や「戸主制廃止のための市民の会」の共同主催により[23],「現行戸主制度の問題点と対案準備のための公聴会」を開催した。7月の女性週間には「戸主制廃止のための署名・アンケート調査」,11月には「戸主制に対する国民意識調査」など,さまざまな手法で,市民レベルの結束が強められていった[24]。このとき国連人権理事会は,「戸主制は男性優位社会を反映する」と指摘しこれが追い風となった。

2000年6月,法務部が民法改正案の立法予告をすると,女性界や女性新聞は戸主制廃止運動を共同で本格化させた。同年9月,戸主制廃止のための市民連帯が発足し,韓国家庭法律相談所,韓国女性団体連合,韓国女性団体協議会,戸主制廃止のための市民の会など,131団体が共同で,国会に戸主制関連法条項の改正に関する請願書を提出した。また,戸主制廃止に関する討論会を開催

したり，裁判所に違憲審判の提請をする[25]など，司法的な根拠付けを明確にする訴訟活動を同時並行で行った。

　ソウル家庭法院が違憲不服申請を棄却すると，2001年2月，ソウル家庭法院に抗告がなされ，違憲審判提請がなされた。そのほかソウル北部地方法院，西部地方法院にも違憲提請がされた。他方，憲法裁判所にも戸主制関連条項の違憲審判が提訴された。対外的には，国連の経済的，社会的及び文化的権利委員会が，韓国政府に戸主制廃止を勧告する報告書を採択した。同年6月，韓国家庭法律相談所が，憲法裁判所および憲法裁判所裁判官9人に戸主制廃止の建議書を発送し，国会人権政策研究会や国会統一時代平等社会政策研究会では，戸主制違憲訴訟経過報告及び発展的推進方針模索のための政策懇談会などが開催された。

　2002年に入ると，「戸主制を正しく知る」というスローガンのもと，宣伝，署名，調査等，さまざまな運動が多様な団体によって積極的に展開された。同年2月，女性部長官業務報告は，親養子制度導入[26]を積極的に推進するとした。同年，市民連帯では，戸主制に対する国会議員の意識調査結果を発表し，大田，水原，城南，大邱など地方裁判所において，次々と戸主制の違憲性をめぐる第2次戸主制違憲訴訟を提起した。10月，戸主制廃止法案が国務会議に係留となった。

　2002年12月，第16代大統領選挙が予定されると，韓国政策学会では，各政党に戸主制廃止を選挙公約で採択するよう積極的に誘導がなされた。また，大統領候補の公約分析がなされ，新聞や放送討論会が開催されて，戸主制廃止が大統領選の主要公約の1つにあげられた。大統領選挙の結果，民主党候補の盧武鉉(ノ・ムヒョン)氏が当選した。

　大統領諮問委員会では，戸主制廃止のための特別対策機構設置が必要であるとされ，03年2月，盧武鉉政権は，戸主制廃止を「12大国政課題」の1つにかかげた。同時期，ソウル北部地方裁判所において，「父姓承継」違憲審判が提申請された。3月，国家人権委員会は，戸主制関連規定の違憲性と平等権侵害を憲法裁判所に提出した。同年4月の女性部長官業務報告では，戸主制廃止

推進企画団構成の推進を公表，5月，女性部に「戸主制廃止のための特別企画団」が発足した。

2003年9月4日，韓国法務部が戸主制廃止を含む民法中改正法律案を立法

**図表9－4　2005年改正民法における変更点**

| 条　項 | 改正前 | 改正後 |
|---|---|---|
| 戸主の定義<br>（第778条） | 一家の系統を継承する者，分家した者，一家を創立したか復興した者など | 削除（戸主の概念削除） |
| 家族の範囲<br>（第779条） | 戸主の配偶者，血族とその配偶者及び一家に入籍する者 | ・配偶者，直系血族及び兄弟姉妹<br>・生計を一緒にする直系血族の配偶者，配偶者の直系血族，配偶者の兄弟姉妹 |
| 子女（子）の<br>入籍及び姓と本<br>（第781条） | 子女は父の姓と本に従い，父の家に入籍（父姓強制）<br>父が外国人である場合には母の姓と本に従い母の家に入籍 | ・子女は父の姓に従うのを原則とするが，婚姻届時母の姓に従うと協議した場合のみ，母の姓に従う（父姓原則）<br>・子女の福利のために姓と本を変更する必要があるときは，父，母または子女の請求によって家庭法院の許可を受けて子女の姓変更が可能<br>・婚姻外の出生者が認知された場合，子女は父母の協議によって従来の姓を継続して使用でき，協議が整わない場合には家庭裁判所の許可を受けてその姓の使用が可能 |
| 入籍，復籍，一家創立，分家等<br>（第780条，782～796条） | 戸主制を前提とした，入籍，復籍，一家創立，分家に関する規定。 | 削　除 |
| 同姓同本の禁婚<br>（第809条） | 同姓同本の禁婚 | 8親等以内の血族等について婚姻制限など禁婚範囲を調整 |
| 女性の再婚禁止<br>期間<br>（第811条） | 6カ月 | 削　除 |
| 妻の入籍<br>（第826条第3項，第4項） | 妻は夫の家に入籍 | 削　除 |
| 親養子制度<br>（第908条の2～<br>第908条の8） | な　し | 養子を養父母の実親子として身分登録簿に記載。姓は養父母の姓に従う。実親子として記録されれば実父母の記録は抹消 |
| 戸主承継<br>（第4編第8章） | 戸主が死亡したり，国籍を喪失したとき，戸主が承継され，順位は息子―孫―娘―孫娘―妻―嫁の順。 | 削　除 |

174

予告し，11月6日，政府案としてこれを国会に提出したが，第16代国会会期満了により廃案となった[27]。改めて，同内容の政府案が，2004年6月3日に第17代国会に再提出された。他方，同年5月には，民法中改正法律案（戸籍制廃止法案）が李美卿（イ ミギョン）議員代表の発議によって国会に提出されており，7月，法務部に家族法改正特別分科委員会が設置された。

2005年2月3日，ついに憲法裁判所において，戸主制憲法不合致決定が下された[28]。これが機縁となり，2月28日，民法中改正法律案が司法委員会全体会議を通過，3月2日，戸主制廃止の民法改正法律案が国会本会議を通過し，賛成161，反対58，棄権16で成立した（2005年3月31日法律第7427号，戸主制関連規定については2008年1月1日施行）。図表9－4に，2005年改正民法における変更点をまとめている。

2005年3月11日，「戸主制廃止特別企画団」解団式が行われ，同年4月4日，戸主制廃止のための市民連帯が解散を決定した。2007年5月17日，戸籍に変わって，新たに家族関係の登録等に関する法律が制定され，2008年1月1日より施行された[29]。

## 4．戸主制廃止の成功要因と効果

### （1）戸主制廃止過程における運動参加団体と成功要因

#### ① 韓国女性法律相談所

戸主制廃止が実現するにあたり，重要な役割を果たしたのは，いうまでもなく「韓国家庭法律相談所」である。この組織は，1956年8月25日，女性問題研究院付設の女性法律相談所[30]が創立されたことにその起源を持つ。1966年8月，家庭法律相談所が設立され，全国および海外に31支部を持ち，女性の権利の増進を目標にかかげる社団法人として成立した。そこでは，戸主制による被害事例の受付および相談，法律案発議の推進および国会通過要求，さらに戸主制廃止後の対案の準備や，市民団体，政府等との協力を主導し，国民広報，世論収斂など幅広い活動がなされた。李兌榮弁護士とクァク・ペヒ弁護士を中

心としたグループである。

　②　戸主制廃止に向けた市民連帯

　そのほか，戸主制廃止という目標において一致団結した市民連帯の役割も大きかった。2000年9月，131の市民団体・女性団体・社会団体で市民連帯が構成された[31]。戸主制廃止運動が本格的活動を展開する時期，この市民連帯が求心的役割を持ち，国会に民法改正請願等，立法活動と並んで，大々的市民活動を行った。ここに男女が共同して参画したことがその特徴であった。

　③　韓国女性団体連合等の女性団体の役割

　韓国女性団体連合等の女性団体は，父母姓連名記載運動等，実質的活動を展開し，被害事例申告の受付および相談，インターネット・ホームページを積極に活用した。

　④　参与機関と役割

　政府は，初期においては戸主制廃止に消極的だったが，「戸主制廃止のための市民連帯」が発足し，市民団体が戸主制の違憲審判を法院に提出するなど，積極的活動を展開した後，これを積極的に検討するようになった。特に2002年，女性部が設置されると政府の役割はより積極性を帯びることとなった。2002年，女性部長官が，親養子制度の導入を重要政策課題とし，さらに，2003年，戸主制廃止が総選挙の選挙公約とされた後，女性部に「戸主制廃止のための特別企画団」が構成された。

　法務部では，家族法改正特別分科委員会が構成され，家庭裁判所その他の裁判所には，違憲審判が提訴され，憲法裁判所では憲法不合致決定が下された。裁判所の動きも非常に重要であった。

　⑤　国　　会

　国会では，女性議員を中心として議員立法で民法改正案発議がなされ，女性団体が国会議員アンケート調査等を通して戸主制廃止に対する事前調査を実施したりして，候補者の公約を戸主制廃止へと誘導する活動が展開された。

　⑥　国　　連

　国連人権理事会は，戸主制は男性優位社会を反映していると指摘した。また，

経済的，社会的及び文化的権利委員会では，戸主制廃止勧告報告書が採択された。

戸主制廃止というたった1つの目標実現に50年の歳月が費やされたのは，家父長制に基づく男性優位思想を抱いてきた韓国の社会文化を変えることが非常に困難であったためである。特に儒林をはじめとする伝統集団の反対と，既得権益に固執する男性社会の抵抗が強かった。戸主制廃止反対論を克服するために，啓蒙活動や討論会主催等，多様な方式が展開され，一般社会の認識を転換させるための努力が功奏したことも成功の一因である。

戸主制廃止が成功した具体的要因には，以下の点があげられる。まず，韓国家庭法律相談所の女性弁護士を中心とした法律専門家の持続的かつ組織的活動が，運動主体を女性に限定せず，男性を積極的に参加・誘導したこと，そしてそれが結果的に，広く社会的支持を獲得したことである。また，市民を巻き込み，市民連帯の構成，討論会，署名運動などに拡大させた。

市民レベルの具体的活動と平行して，理論的な裏付けをも獲得していった。具体的には，違憲審査を提起することによって司法的根拠を明確にする一方，国会にも働きかけ，立法における法律改正要求の作業を同時に推進していった。さらに，民意の表れとしての選挙を活用し，候補者の公約を戸主制廃止へと誘導するための活動を展開し，国政課題の採択にも働きかけ，そのための企画団発足へ働きかけるなど，多岐にわたり，戸主制廃止に向けた総合的かつ効果的な働きかけをしたことである。行政における女性部長官，および国会の議員の役割も大きかった。

## （2）戸主制廃止の効果

戸主制が廃止されたことで，社会組織を構成する基本的単位としての家族制度について，「家族」の構成概念が戸主ではなく個人を中心としたものへと修正された。これにより，国民個人が一人格として承認されることとなった。さらに，男性中心の「戸主」概念が削除されることによって，両性の平等の基礎が確立され，女性の人権保障に寄与することとなった。家族の中心となる夫婦

関係において戸主制度が廃止されたことで，両性の平等という法律的基盤が再構築されることに寄与した。

戸主制が「戸主＝男性」という等式により，戸主承継のための男児選好思想を助長させたことは前述した。しかし，戸主制廃止により，男児選好の意味を喪失させることで，出生における性比率不均衡の問題解決に何らかの寄与をすることが期待されている。

また，強調された男児選好は，女性＝家庭，男性＝社会の二分法的思考をも助長してきた。これにより，女性の社会参加や，女性の功績を社会的に評価することが実質的に制約を受けた。しかしながら，戸主制廃止によって，今後，女性の社会参加が増進し，公的領域への進出拡大などを通じて，女性のマンパワーが活用され，ひいてはこれが社会発展に寄与することが期待される。

従来，韓国では，戸主制度により，離婚，再婚した女性および未婚女性が称する「姓」をめぐって，その女性の子の姓が問題となっていた[32]。今回の家族法改正で，家族における子の姓の問題や，家族内の子の地位に関する問題の解決が図られることが期待されている。また，これらの子どもに対する社会的差別が意味を失うよう期待されている。

## 5．おわりに

以上，韓国における戸主制廃止の実現に寄与したさまざまな活動を概観し分析してきた。戸主制は家父長制を中心に形成された，韓国の代表的な男女差別の制度だった。しかし，2005年改正法の戸主制廃止により，少なくとも法律上（形式的には），女性は個人の存在意義を平等に認められ，社会構成員としての平等な地位を保障されることとなった。実質的な男女平等は，すべての構成員がこれを認識し，文化的変容がこれに続くときにこそ可能になる。戸主制廃止過程を目撃してきた各界各層の社会構成員の多くが，遠からず大韓民国にも男女平等時代が到来することを期待していることであろう。

## [注]

（1）本稿は，2009年2月18日に開催された，「久留米大学産業経済研究所公開研究会」の報告および配布資料を翻訳したものである。講演会当日の通訳はイ・ナヨン氏（九州大学比較社会文化研究院博士後期課程（当時））の協力を得た。翻訳の責任は訳者にある。文中の注釈は訳者による。なお，本報告に関連する論文がすでに出版されている。吾郷成子「第2章　韓国における戸籍制度の撤廃―戸籍から個人単位の家族関係登録制度へ―」『福岡女性学研究会　性別役割分業は暴力である』現代書館，2011年，pp. 144-167 参照。

（2）宗法制と韓国家族法については，以下を参照。青木清「韓国法における伝統的家族制度について―宗法制度との関連を中心に―」『名古屋大学法政論集』87号，p. 273，同「韓国家族法の改正」『国際研究』No. 7，p. 12，注（3）より引用（http://ci.nii.ac.jp/naid/110000467262，最終閲覧日：2012年9月3日）。

（3）日本植民地時代，身分法は韓国独自の慣習を尊重するという大義名分で実施した韓国慣習法に関する調査結果である。

（4）朝鮮民事令（1912年制令7号）とは，1910年，大日本帝国・朝鮮総督部が発布した「朝鮮に施行する法令に関する件」に依拠して制定された民事に関する基本法令である。鄭賢熙「韓国におけるフェミニズム運動と家族法の変遷」現代社会文化研究37号，pp. 145-160，特に p. 147，注15（http://dspace.lib.niigata-u.ac.jp:8080/dspace/handle/10191/6371　最終閲覧日：2012年9月3日）参照。

（5）朝鮮時代は宗法制により，徹底した男系血統主義による身分相続が確立されていた。祭祀，家系の相続について女性は徹底的に排除された。前掲注（3）「韓国におけるフェミニズム運動と家族法の変遷」，p. 151。

（6）儒林を中心とした保守勢力が，1970年代「家族法改正阻止運動範囲民協議会」を結成し伝統的な家族制度の擁護運動を展開した。前掲注（4）「韓国におけるフェミニズム運動と家族法の変遷」，p. 157。

（7）前掲注（3）「韓国におけるフェミニズム運動と家族法の変遷」，p. 160 参照。

（8）改正運動の背景にある政治状況については，前掲注（1）「韓国における戸籍制度の撤廃」，p. 157 以下参照。

（9）法典編纂委員会職制（1948年9月15日大統領令4号），前掲注（4）「韓国におけるフェミニズム運動と家族法の変遷」，p. 147 より引用。

（10）中心的な役割を果たしたのは韓国女性法律相談所の所長を務めた李兌榮(イ・テヨン)弁護士である。文献に直接触れていないが，この家族法改正運動に関しては，李兌榮(イ・テヨン)『家族法改

正運動37年史』韓国家庭法律相談所出版部，1992年がある。石熙泰「報告1 韓国における同姓同本禁婚制とその改革運動の展開」『北大法学論集』51巻6号，p. 151，注（30）（http://eprints.lib.hokudai.ac.jp/dspace/bitstream/2115/15057/1/51(6)_p133-152.pdf　最終閲覧日：2012年9月3日）より引用。

(11) 1962年7月には，女性団体連合会が家族法改正のための「建議文」を軍事政府に提出した。前掲注（10）「報告1 韓国における同姓同本禁婚制とその改革運動の展開」，pp. 133-152。

(12)「親族」範囲は，男性の場合，直系家族と親類家族（8寸〈チョン〉：日本では8親等のこと）まで，女性の場合は，直系家族と兄弟姉妹までと差異があった。

(13) 同姓同本禁婚制度とは，民法809条1項に規定され，同姓で出自を共にする者（同本）同士の婚姻を禁止する韓国独特の法律である。実際には，ほとんど無関係の男女が，これを理由に法的に婚姻できない大きな障害であり，未婚や事実婚という選択をする一大原因となっていた。三宅勝「韓国の同姓同本不婚制に関する背景と課題」『北大法学研究科ジュニア・リサーチ・ジャーナル』No. 3, 1996年, pp. 305-333参照（http://eprints.lib.hokudai.ac.jp/dspace/bitstream/2115/22279/1/3_P305-333.pdf　最終閲覧日：2012年9月3日）。

(14) たとえば，妻が連れ子をして再婚する場合，その連れ子は，再婚後の父親の戸籍に入れない（嫡母庶子）が，他方，父親が連れ子をして再婚する場合は戸籍に入ることができる（継母嫡子）という関係である。

(15) 鄭大哲議員は李兌榮氏の息子である。

(16) 1977年第二次民法改正の内容については，前掲注（3）「韓国におけるフェミニズム運動と家族法の変遷」，p. 148およびpp. 153-154参照。

(17)「憲法不合致決定」は，違憲決定の一種であり，「法律の実質的違憲性を認定しながらも立法者の立法形成の自由を尊重し法の空白と混乱を避けるために一定の期間までは当該法律が暫定的に継続効を有することを認める決定形式」である。権寧星『改訂版憲法学原論2005年版』ソウル法文社，2005年, p. 1134以下，趙慶済「2005年2月3日戸主制憲法不合致決定に関して」『立命館法学』2005年4号（302号），pp. 36-95，pp. 50-51，注1）より引用（http://www.ritsumei.ac.jp/acd/cg/law/lex/05-4/cho.pdf　最終閲覧日：2012年9月3日）。

(18) 女性運動の活発な展開は，山下英愛「シンポジウム　韓国における女性運動の現状と課題」和光大学総合文化研究所年報『東西南北』2007年, pp. 30-45（http://xn--54q52fd7ezvc.jp/souken/tozai/file/tz0706.pdf, 最終閲覧日：2012年9月3日），

特に p. 39 以下参照。朴光駿・呉英蘭「社会統制理論からみた韓国男女雇用平等法の成立過程」『社会学部論集』，第 43 号，pp. 63-78（http://archives.bukkyo-u.ac.jp/infolib/meta_pub/rid_SO00430050，最終閲覧日：2012 年 9 月 3 日）にも詳しい。Rosa Kim, "The Legacy of Institutionalized Gender Inequality in South Korea : The Family Law," *Boston College Third World Law Journal*, Vol. 14, Issue 1, pp. 145-162（http://lawdigitalcommons.bc.edu/cgi/viewcontent.cgi?article=1269&context=twlj，最終閲覧日：2012 年 9 月 3 日）．Kim Yeong-hui, "Theories for progressive women's movement in Korea," *Korea Journal*, Autumn 2000, pp. 217-236（http://gsis.korea.ac.kr/file/board_data/mboard/1270966570_5.pdf，最終閲覧日：2012 年 9 月 3 日）．

(19) 当時の女性団体および女性議員の具体的活動やそれに対する政府の動きは，以下に詳述されている。金疇洙（キムチュースー）「講演 韓国家族法とその改正について」『比較法学』26 巻 1 号（http://www.waseda.jp/hiken/jp/public/review/index.html，最終閲覧日：2012 年 9 月 3 日），pp. 52-54 参照。

(20) 前掲注（2）「韓国家族法の改正」，p. 14 以下。本論文には，1990 年家族法改正に関する新旧対照表が掲載されている。そのほか，前掲注（19）金疇洙「韓国家族法とその改正について」，pp. 45-68 には，1990 年改正法について詳細な記述がある。金疇洙氏は，1977 年改正法案に関与しただけでなく，1988 年 11 月に女性議員らが提出した改正法案を作成した。同，p. 65，注（15）参照。

(21) 戸主相続制度とは，戸主相続をすると自分の固有相続分の 0.5 が加算され，戸主相続者に権利が認められた。戸主承継制度は，財産相続とは無関係であり，戸籍上の戸主となる権利のみを有する。戸主相続は放棄不可能だったが，戸主承継制度では放棄可能となった。前掲注（4）「韓国におけるフェミニズム運動と家族法の変遷」，p. 160，注 27）参照。戸主承継の相違は，以下を参照。鄭照根「韓国における戸主制度廃止の背景と身分登録制度の変更」『札幌学院法学』23 巻 1 号，p. 189 以下（http://sgulrep.sgu.ac.jp/dspace/bitstream/10742/532/1/SG-23-1-189.pdf，最終閲覧日：2012 年 9 月 3 日）。憲法不合致決定については，趙慶済（訳）「資料大韓民国憲法裁判所，2005 年 12 月 22 日父姓強制主義憲法不合致決定」立命館法学，2006 年 4 号（308 号），pp. 211-234（http://www.ritsumei.ac.jp/acd/cg/law/lex/06-4/tyou.pdf，最終閲覧日：2012 年 9 月 3 日）参照。

(22) 決定文は，1997 年 8 月 4 日付け第 13675 号『官報』に掲載されている。前掲注（10）「報告 1 韓国における同姓同本禁婚制とその改革運動の展開」，p. 152，注（32）

より引用。

(23) 他に，韓国女性団体連合，大韓女性医師会などが共同主催に参加した。

(24) 同時期，保守的な動きとして，「韓国氏族総連合会」が憲法裁判所の決定と国会における民法改正の動きに反対して，討論会開催や，政府，国会への建議文発送，公聴会開催などを展開した。さらに，1999年7月31日，政府の家族法改正案に対する修正案を作成・提出した。前掲注（10）「報告1 韓国における同姓同本禁婚制とその改革運動の展開」，p. 148より引用。

(25)「離婚後に子の単独養育者となった母らが，子の戸籍につき，無戸主への変更，及び，離婚した母の戸籍への子の入籍届をしたところ，役所が不受理処分としたことから，その取り消しを求める訴訟を提起した。」金亮完（キムヤンワン）「韓国における家族法改正の軌跡」『月報司法書士』No. 470, pp. 34-40 (http://www.shiho-shoshi.or.jp/association/publish/monthly_report/201104/data/201104_06.pdf, 最終閲覧日：2012年9月3日), p. 37より引用。

(26) 親養子制度は，日本における民法の特別養子制度に類似する制度である。15歳未満の子どもが対象であり，戸籍上，実子と同様の記載がなされる。

(27) 前掲注（17）「2005年2月3日戸主制憲法不合致決定に関して」，p. 43以下参照。

(28)「戸主制度は個人と家族生活において個人の尊厳と両性の平等を規定した憲法第36条1項に違反する」とし，9人の裁判官のうち，6人が賛成し，3人が反対した。前掲注（17）「2005年2月3日戸主制憲法不合致決定に関して」，p. 54以下に決定全文が資料掲載されている。

(29) 戸主制をめぐる家族法改正については，以下にも詳しい。前掲注（25）「韓国における家族法改正の軌跡」，pp. 34-40参照。

(30) 当初，女性法律相談所は，家出の後，売春行為に関わる女性の権利を擁護するために設立された。

(31) 市民連帯は，韓国家庭法律相談所，韓国女性団体連合，韓国女性団体協議会，戸主制廃止のための市民の会等4団体を幹事団体とする。韓国における市民活動については，以下に詳しい。金永來著，清水敏行訳「韓国における市民社会運動の現況と発展課題」『札幌学院法学』21巻2号，pp. 243-273 (http://www.sgu.ac.jp/law/kiyo/212/simizu21-2-3.pdf, 最終閲覧日：2012年9月3日), 特に，p. 252以下参照。

(32) 韓国では，女性が法律上婚姻しても，実家の姓をそのまま踏襲し，夫婦間に生まれた子は，父親の姓を付与される。母が離婚・再婚しても，子の姓は父側の姓のままであり，血縁上の父親との関係の有無にかかわらない。

# 第IV部
# 事例の部

## 途上国編

# 第10章

# ビジネスを通じた中国内モンゴル・オルドスでの砂漠緑化事業

坂本　毅
[(有) バンベン]

## 1．きっかけ

　1991年8月から3年間，私は青年海外協力隊隊員として中国内モンゴル自治区・オルドスのモンゴル族高校で日本語を教えた。その時の出会いや体験がきっかけとなり，「ビジネスを通じたオルドスの砂漠緑化事業」というライフワークに取り組むことになっていた。その20年来の「物語」をここに綴りたいと思う。まずは「オルドス」との出会いから。
　不安でいっぱいのスタートだった。自ら望んで行ったわけではなく，協力隊事務局が勝手に決めた派遣先がなぜか内モンゴル・オルドス。
　当初モンゴル族と言うと「遊牧民」「騎馬民族」「チンギスハーン」……，豪快で荒々しいイメージしかなかった。しかもいたずら盛りの高校生。大学卒業したての「童顔の青年」には荷の重い任務だった。「ちゃんと日本語を勉強してくれるだろうか」「いじめられないだろうか……」。
　そして不安ばかりのなか，迎えた初めての授業。まずは自己紹介などで45分乗り切ろうと考えていた。生徒は全員モンゴル族でモンゴル語が母語だが，中国語も理解できるとのことだった。私は派遣前に4カ月ほど中国語を勉強し，少しはしゃべれるようになっていた。前日，一晩中考えて何回も練習した中国

語での自己紹介だったが，50人の刺すような視線をいっせいに浴び，声がうわずって今にも裏返りそうな状態。みんなうなずきもせず，じっとこちらを見つめている。彼らははたして私のことをどう思っているのか，そもそも私の中国語が通じていないのでは……。そう思った瞬間じわっと額から冷や汗が……。しどろもどろ状態で用意していた内容の半分も言えないまま，早々に自己紹介を切り上げるしかなかった。

まだ時間はたっぷりある。どうしよう……。たまたま持っていた模造紙に書いた「五十音図」を黒板に貼って時間をつぶすしかない。自己紹介で中国語はすっかり自信がなくなっていたので，何の説明もせず，「あ」のところをボールペンの先で指しながら，「あっ」と言ってみると，50人の生徒がいっせいに「あー」と大きな声で反応してくれた。素晴らしい。もう一度「あっ」というと今度はもっと大きな声で「あーっ」と吠えるような声が返ってきた。私も調子に乗って，テンポよく「あ」「い」「う」「え」「お」の発音を繰り返した。生徒たちの声が校舎中に響いていた。モンゴル族の生徒はまじめで元気がいいなあ，と感動しながら，しばらく繰り返した。

そろそろ個別に言わせてみようと一番前に座っていた女子生徒を当てて「あ」のところを指してみた。すると，その生徒はさっと立ち上がり，ぱっと口を開き「あ」の形にしたが，口を開けたまま声が出ない。快調にテンポよく進んでいた授業がそこでぴたっと止まった。その生徒は口を開けたまま，顔が見る見る真っ赤に。あわてて座らせたところで終了のベル，45分の授業が終わった。「素朴でまじめで，はにかみ屋」……。私のモンゴル族の生徒に対する印象が180度変わった授業となった。

その後も生徒が日本に興味を持ち日本語を熱心に勉強してくれたので，私も楽しく日本語を教えることができた。

もちろん苦労は尽きなかった。生活条件は厳しく活動を始めて1年間は言葉に不自由し，生活の不便さに閉口し，食事も口に合わず，毎晩のように行われる62°の「オルドス白酒」の激しい宴会……。寒さと乾燥のためよく風邪を引いていた。

そのなかでも一番辛かったのは,「私が何のために来たのか,まったく理解してもらえなかった」ことだ。「ボランティア」ということを理解してもらおうにも,当時のオルドスではそれにふさわしい言葉も概念もなかった。当初,周りの人は私のことを「モンゴル語を勉強しに来た青年」あるいは「事情があって日本を追われてきた日本人」など,とにかく「一人ぼっちでかわいそうな日本人」というふうに見られていたようだ。

　1991年12月,オルドスで初めて誕生日を迎えた。その時生徒から贈られたプレゼントは「花束」でもなく「ケーキ」でもなく,「内蒙古自治区地方糧票」と書かれたおもちゃのお金のような束。つまり食糧配給券の束だった。全部でざっと数えて500斤分。後で他の先生に聞いてみたら1人では2年かかっても使いきれない量とのこと。生徒1人ひとりが自分たちの使う分を少しずつ集めて,「あのかわいそうな日本の先生にこれで美味しいものを食べてほしい」とプレゼントしてくれたかと思うとうれしいやら情けないやらで目から涙がこぼれ落ちた。

## 2．オルドスの風景

　その地域のことを好きになるには,そこの風景や気候など自然条件も重要な要素と言える。

　私の派遣されたオルドスは内モンゴルの西南部にある。黄河の中流域,この大河が北側へ大きく凸型に突き出たところがある。その内側がオルドス。北と東西を黄河に囲まれ,南には万里の長城が斜めに走っている。長城と黄河に囲まれた地,漢民族と北方騎馬民族がその覇権を争って戦った歴史的な地でもある。派遣前,このオルドスという地名の響きがとても気に入っていた。オルドスとはモンゴル語で「多くの宮殿が存在する地」を意味し,そこには神秘的な伝説が秘められていた。

　13世紀,かのモンゴル帝国の王,チンギスハンが馬に乗って,西夏という国へ遠征に向かう途中,このオルドスのすばらしい景色に目を奪われ,思わず

鞭を落としてしまった。騎馬民族であるモンゴル人にとって乗馬中に鞭を落とすというようなことは本来ならあってはならない失態。それを不吉に思ったチンギスハンは「この遠征で，私にもしものことがあれば，美しいこの地に埋めてほしい。」と家臣に言った。その後，西夏との戦いには勝ったが，チンギスハンはそこで病にかかり，そのまま死んでしまった。家臣たちは密かにチンギスハンの遺体を彼が鞭を落とした地に運び，しばらく安置した。数日後，チンギスハンの遺体は彼の故郷であるモンゴルの北部に運ばれたが，彼が鞭を落とした場所は聖地として崇められ，その聖地を守るために数名の家臣を「ダルハット（墓守）」として残したのである。現在その地には「チンギスハン陵」があり，年間を通してさまざまな祭事が執り行われている。

　私はこのボランティアに参加するために，二度の試験を突破し，日本で3カ月，北京で1カ月の語学を中心とした訓練を乗り切ってやっと赴任にこぎつけたのだ。できればこのオルドスを第2のふるさとと呼べるようにしたい。チンギスハンが見惚れて鞭を落とすくらいだからきっとすばらしい景色で大草原が広がっているに違いない。そう信じていた。

　しかし行ってみると草原が見当たらない。あるのは砂漠か半砂漠化した土地。あるいは激しい風雨にさらされているせいか，いたるところで大地が削られ地層がむき出しになった侵食谷が木の枝のように伸びる痛々しい風景。「まるで火星だ。」それが率直な第一印象だった。

　もちろん内モンゴル全体が砂漠化しているわけではない。日本の約3倍の面積がある内モンゴルの西側は砂漠地帯で東に行くにつれて草原が濃くなって，中央のシリンゴルには大草原が広がっている。日本人のイメージするモンゴルの風景はここにある。もっと東に行くと中国最大の森林地帯「大興安嶺山脈」へとつながっていく。ただ砂の恐怖はじわじわと西から東へと迫っている。そしてそれは「黄砂」という問題で日本にも関係してくる。詳しくは後に述べるが内モンゴル西部に位置するオルドスという「砂漠化の最前線」に3年間住んだことが私の一生に大きな影響をもたらすことになった。

## 3．砂漠緑化事業への目覚め

　オルドスでの歳月を重ねるごとに言葉も上達して，生活にも慣れ，活動がますます楽しくなってきた。学校以外の友だちもできてだんだんオルドスという地が自分の「第二の故郷」と思えるようになった。するとオルドスのさまざまな問題に関心を持つようになる。一番深刻な問題はやはり「砂漠化」だった。そしてさまざまな体験を通して「砂漠緑化」に目覚めることになる。

　前節で触れたとおり，内モンゴルに派遣される前，一番楽しみだったのが，大草原。モンゴルと言えばどこまでも大草原が続いていると思っていた。休日は，日本にはない大草原のなかを馬で走り回りたい……そう思っていた。しかしオルドスには私が思い描いていた大草原がなかった。私の住んでいた街の周辺は永遠と続く砂漠か黄土高原の痛々しい浸食谷。夏は少し緑があったが，9月から5月までは荒涼とした寒々しい，痛々しい風景しかない。がっかりというより失望だった。

　日々の生活も大変。風が強くなると必ず砂が飛んでくる。外にいると粗い砂は顔や手足に当たり痛い。細かい砂は肺に入り込んで息苦しい，もっと細かい砂は黄砂となって日本に降り注ぐと聞いた。しかしお年寄りの話などを聞くとここオルドスは「チンギスハン伝説」にもあるように昔はモンゴルでも有数のきれいな草原だったという。その後，人々は豊かさを求め，木を伐採したり，羊や山羊の数を増やし，草原の草を食べ尽くしたりして，ここ数十年の間に一気に砂漠化が進んだとのことだ。

　生徒のなかには小さい頃は大草原のなかで羊を追い回していた記憶があるが，だんだん草がなくなり，その代わりに砂丘が家の近くにできて，家を飲みこみそうになるまで大きくなり，仕方なく放牧をあきらめてそこから街へ移り住んできたという子もいた。

　ちょうどその頃「砂漠緑化実践協会」という日本のNGOがオルドス北部のオンカクバイという砂漠で植林活動を始めたという話を聞いた。そしてその会

長の鳥取大学名誉教授である故遠山正瑛氏にオルドスでお会いする機会があった。「オルドスの砂漠化は人間が引き起こしたこと。人間の力で元に戻さなければならない。」当時87歳という高齢ながら砂漠緑化に対する信念を感じ大変感銘をうけた。

その後、1993年10月にモンゴル族高校の日本語を勉強している生徒たちをオンカクバイに連れていき、日本人ボランティアの方々と一緒に2泊3日の植林活動を行うことになった。

モンゴル族高校がある街から100キロほど行ったところにオンカクバイがあった。アスファルトの道を2時間ほど走って、後はひたすらでこぼこ道。辺りは一面の砂漠だったが、緑化基地の周りは緑が戻ってきていた。

砂漠のど真ん中に確かに森ができている。日本人のボランティアの方々が3年間植林を続けた成果。これには感動した。「ここをもっと大きな森にしよう」、みんな素早く作業に取り掛かった。

まず深さ70センチほどの穴を掘る。砂地なのでスコップがザクッと深くまで刺さり、掘りやすいといえば掘りやすいが、慣れないと掘った後からどんどん砂が穴に入り込んでしまう。悪戦苦闘しながら穴を掘り、苗木を挿し、砂を戻し、仕上げにバケツ1杯の水をかける。水は100mほど離れた所にある井戸から汲んで運んで来なければならないのでこれも重労働。穴掘り・苗木挿し・水かけ、3人1組になって、2mほどの間隔をあけながら、木を植えていく。日本人のボランティアとモンゴル族の高校生、時々片言の日本語で会話しながら、見事なチームワークで作業を進めていく。2日間で予定を上回る2,000本の苗木を植えることができた。

最後はみんな砂漠に植えられた細々とした苗木を見つめていた。風と闘い、砂と闘い、乾燥と闘い、寒さと闘わなければならない。この2,000本の苗木のうち、何本が来年の春を迎えることができるだろうか？ 10年後は？ いつかまたこの地に立って確認したい、そう強く思った。

植林の合間に「沙漠ウォッチング」を行った。みんな思い思いグループを作って、ゆっくり砂漠を歩く。砂漠の砂紋をじっと見たり、糞ころがしが野鼠の

落とした糞を丸めているところを写真に収めたり，砂漠に生えている薬草を採取したり……。砂漠の表面の乾いた砂を5センチほど払ってみると，下のほうは湿っている。そして砂漠のど真ん中にも所々，水溜りがある。そこが決して不毛の地でないことを物語っていた。

帰りのバスのなか，やり遂げたという達成感はなかった。何だか途方もなく巨大な荷物を背負わされたような気がした。「第二の故郷，オルドスで自分は何ができるのだろうか。これから何をしなければならないのだろうか。」 果てしなく続くオルドスの砂漠を眺めながら，ずっと考え続けた。

今思えば，遠山先生との出会いやこの植林活動が私の人生を変えたといっても過言ではない。今まで日本語教育や国際交流しか関心のなかった青年が，砂漠化という環境問題の解決をライフワークにしようと考えるようになっていった。

## 4．砂漠緑化事業開始までの道のり

1994年8月に青年海外協力隊の任期が終了，無事日本に帰国。しかし帰国から2週間，再びオルドスの地に立っていた。すっかり「オルドス緑化熱」にとりつかれていた。しかし，何をどこから始めていいかもわからない。オルドスでの砂漠緑化事業を一刻でも早く立ち上げるべく，いろんなところに行き，いろんな人に会った。悪戦苦闘。そして得られた結論は……，「時期尚早」。大学卒業後ボランティアしか経験したことのない若者，経験もない，資金もない，コネもない。あえなく1カ月で帰国。今の自分に足りないこと，それは実務経験，資金，そして人々を巻き込む能力。いったん社会に出て働こう，ということで1995年から大阪の貿易会社や教育関係の会社などで働き，経験を積んでいった。2001年からはJICA（国際協力機構）のボランティア調整員として中国北京に派遣された。JICAでは国際協力の最前線で実務を担当，貴重な経験ができた。しかし，膨大な事務作業をこなしながら，要請開拓，隊員のサポートなど，多忙な日々が続き，いつしかあのオルドスでの熱い日々が遠い存在に

なっていた。ただの「いい思い出」になりつつあった。

　JICA中国に赴任して2年ほど経った頃，突然事務所に電話がかかってきた。「覚えていますか。ノリブです。」「？？？」「オルドスのモンゴル族中学にいたノリブですよ，センセイ」すぐ顔が浮かんできた。オルドスモンゴル族高校でスポーツが得意の，あのノッポのノリブだった。「やあ，久しぶり。でもどうして僕が北京にいることがわかったの？」「実は2日前，フフホト（内モンゴル自治区の首府）に行ったんです。そのときある日本人と会って，話していたら先生の話になったんです。今，北京にいると聞いてびっくりしました。」 こちらもびっくり。彼が会った日本人とは私がサポートしていた青年海外協力隊の1人だった。その時フフホトで日本語を教えていたのだ。しばらくたどたどしい中国語での会話が続いた。彼は内蒙古師範大学体育学科を卒業し，オルドスモンゴル族高校に戻り，体育の教師をやっているとのこと。日本語の勉強はずっと続けてくれていて，今度，日本語能力試験の2級を受けると言っていた。公費留学試験をパスして日本に留学することが彼の夢だ。彼のほかに私の教え子が3人もオルドスモンゴル族高校で教師をやっているそうだ。体育と物理と歴史と英語……，残念ながらオルドスモンゴル族高校では日本語の授業はやっていないとのことだった。私がお世話をしている協力隊員を通じて，私が隊員時代の教え子と電話で再会を果たすなんて。実に不思議だ。

　別の日，また事務所に電話があった。その日は休日で中国語のできない日本人の同僚が1人で残業をしていたらしいが，その同僚が言うには，何を話しているのか聞き取れなかったがとにかく「サカモトタケシ，サカモトタケシ」と何度も叫んでいた，ということだった。私の教え子であることはすぐわかった。「でも，今度は誰だ？」 数日後，もう一度電話があった。今度は私がいたので回してくれた。「先生，こんにちは。スレンです。」 彼は高校の時，日本の高校生相手に文通を続け，とっておきの写真を送って見事にふられたエピソードを持つ生徒だった。「僕は今，赤峰で広告の仕事をしています。」 赤峰とは内蒙古東部にある街である。「僕はもう結婚しました。先生は？」「……」「さびしいですねえ。早く見つけてくださいね。」面目丸つぶれである。しばらく拙

い中国語で会話が続いた。「でも，なぜ僕が北京にいることがわかったの？」「実は高校のとき先生が紹介してくれた文通相手が教えてくれたんです。」 実は彼にはもう1人文通相手がいた。その文通相手は福岡の高校教師だった。私とは年賀状のやり取りをするくらいの関係だった。しかし，スレンとその教師は10年近くも文通を続けていた。そして，その教師を通して，懐かしい教え子と電話で再会できるなんて。本当に不思議だ。

　しばらくして，フフホトに出張に行ったときのことである。2日間の日程を終えて，空港で北京行きの飛行機を待っていた。飛行機は遅れていた。天候不良のため，まだフフホトにその飛行機は到着していない。待合室で本を読んでずっと待っていた。するとアナウンスが流れた。「やっと来たか」と思いきや，「北京行きの飛行機は約2時間後にフフホトに到着する予定です。」 そのときすでに夜の9時。11時に飛行機がついて，客を降ろして，清掃して，搭乗，離陸は12時くらい？ 家に帰るのは午前2時すぎか?? ため息をつきながらあたりを見渡すと，みやげ物コーナーがまだ開いていた。暇だから見に行った。ショウケースの下のほうにモンゴルの銀製品があった。懐かしくてしばらく見ていたら，ショウケースの反対側から「センセイ。」と日本語。「私のこと覚えてますか？」 顔を上げると，かわいらしい従業員が私のほうを見ている。「あっ，思い出した。ウドンガリラだ。」 よく覚えている。ちょっとおとなしかったが，とにかく日本語を一生懸命勉強してくれていた女子生徒。テストの点数もいつもトップクラスだった。高校時代はまん丸顔だったが，少し顔立ちが引き締まった感じになっていたので，にわかには思い出せなかった。「先生，あちらでお茶でも飲みませんか。」と仕事をほかの人に頼んで，コーヒーショップに連れて行ってくれた。それから搭乗するまでの2時間余り，本当にお互いよくしゃべった。授業のときのこと，日本の大学生と交流したこと，オンカクバイの砂漠で木を植えたこと，昔の思い出が溢れんばかりに次から次へと湧いてきた。しゃべりたいことがたくさんあった。もう一生懸命しゃべった。しゃべりながら考えた。オルドスでの3年間，彼女とこうやって面と向かってしゃべったことがあっただろうか。授業では僕の質問に懸命に答えてくれた。日本

人との交流のときはよく笑っていた。しかし、彼女と授業以外の時間にこうやって話をしたことはない。雑談をしたことすらない。3年間という長い時間で一度もないのだ。それが、今、こうやってお互いオルドス時代の話に花を咲かせている。お互いの思い出を共有している。本当に不思議でならなかった。「今はこの空港で働いています。今でも、日本語を少し使っているんですよ。夏になったら、日本人がたくさん来るから。センセイ、日本語を教えてくれて本当にありがとうございました。」「僕がもっと上手に教えていたら、通訳になっていたかもしれないのに。」いや、本当に申し訳ない。別れ際、彼女が言った。「来年になったら結婚するから、オルドスに帰るんです。先生、また、オルドスに遊びに来てください。」

深夜、2時すぎにやっと自宅に戻った。しばらくビールを飲みながら、物思いに耽っていた。「それにしても不思議だなあ。」ふと、あることを思い出して、夢中になって押入れを捜索した。ある物を探していた。小一時間探して、やっと見つけ出した。私の宝物、私がオルドス最後の夜に生徒からもらった青いプレート。「お互いに思い会うように！」と日本語で書かれていた。「合う」と「会う」を間違えている。もらった当時は苦笑するしかなかったが、今わかった。「そうか、お互いに思って、また会うんだ。」「よーし、今度、思い切ってオルドスに行ってみよう！」またオルドス熱が復活してきた。

そして2003年夏。スレンから同窓会への招待状が届いた。これは何としても行かなければ……。JICAの仕事は多忙を極めていたが無理を言って3日間休みを取って9年ぶりにオルドスに行った。モンゴル族は9という数字を大切にしていて、卒業して9年を機に初めての同窓会を開くという。9年ぶりとあって盛大な会となった。三日三晩ひたすら60度のオルドス白酒を飲み続けた。最後のほうは朦朧として記憶もおぼつかないが、とても幸せな時間だった。そのなかで一番感じたことは教え子たちの成長ぶり。あの時高校生だった彼らはいつの間にか立派な社会人となってオルドスで活躍していた。教師になった者、医者になった者、弁護士になった者……、村長さんになった者もいる。みんなオルドスでがんばっている。そんな彼らと触れ合ってこちらもオルドスに対す

る想いが溢れそうになった。そして協力隊時代に思い描いていたオルドスの砂漠緑化は今なら，彼らと一緒なら実現できるのではないか，そう感じた。

　そして同窓会の場で，私は「来年からオルドスの砂漠緑化に取り組んでいきたい」と宣言したところ，教え子の1人で村長になっていたスヤラトが「先生，それならまずうちの村を見に来てください。」と言ってくれた。彼は高校時代はモンゴル相撲のチャンピオンだった。当時は私も一目置いていた，というかはっきり言って怖い存在だったが，9年後彼はその腕力で20代にして村長（正確には副鎮長）に出世していた。

　2004年2月にJICAボランティア調整員の任期が終了し日本に帰国。帰国して2週間後にはまたもやオルドスの地に立っていた。しかし10年前とは違う。今度は社会での経験も積み，少しだが資金も貯め，砂漠緑化をライフワークにするという明確なビジョンを持ってオルドスに乗り込んだ。まずはスヤラトがいた村（スージー村）を視察した。そこの人々は緑化に対する意識が高く，地下水も豊富で，ほんの30年前までは灌木の生い茂った緑豊かな場所だったとのこと。何より教え子がリーダーを務めていて活動がスムーズに行えそうなので，その村の「ウランダワ砂漠」を最初の植林地に決めた。「ウランダワ」とはモンゴル語で「赤い丘」という意味。「紅柳」という灌木が生い茂るところだったという。面積は6,000haで村の3分の1を占めている。

## 5．ビジネスを通じた緑化事業

　オルドスでの植林地はすんなり決まった。しかしどのような仕組みで緑化事業を進めていくかについては相当悩んだ。

　「砂漠緑化」を実践するにあたってどんなやり方がいいのか，いろいろ考えてみた。

　まずJICAに勤めていた経験を活かしてODAを使って何億円の資金と最新の技術を投入すればあっという間に緑化が実現できるのではないか，と考えた。しかし，ODAには計画から実施まで時間がかかる。一旦実施が決まったら融

通が効かない。援助終了後，うまく現地に引き継がれない，などの例もあり，すべてがうまくいくとは限らない。膨大な税金を費やして，うまくいかなかったら大変なこと。とても責任はとれない。

次に考えたのはNGOを立ち上げて，寄付金や助成金を受けながら緑化事業を進めていくというもの。組織力を活かせる面もあるが，逆に組織が大きくなるといろんな意見が対立し，身動きが取れなくなる可能性もある。また，資金を外部（寄付や助成金）に頼っていたら，今のように景気が悪い時にはなかなか資金が集まらずに継続した支援は難しくなる。何より，NGOのリーダーというのは，前述の遠山先生のようにカリスマ性がなければ人も金も集まらない。私には向いていない。

継続性のある方法，自分に合ったやり方とは……。そして最後にたどり着いたのが，「1人でビジネスを始める」ことだった。この方法だと最初は規模が小さくてもビジネスが続けば緑化事業も継続できる。緑化事業は何十年何百年と続けなければ意味のない事業だ。それを実践するのに一番必要なものは「資金」。資金の面で自立できれば継続性が生まれる。そこで考えたのが「内モンゴルの特産物を日本で売って，その売上の一部を内モンゴルに緑化という形で還元する」という循環型のビジネス。動けば動くほど広がるビジネス，買物で世界を変えられる仕組み……。砂漠化に苦しむ内モンゴルの人々と自分だけでなく販売業者や消費者など，そこの関わるすべての人と地球がハッピーになれるビジネスができれば，それが砂漠緑化の最高のカタチになる。そして1人で始めるやり方も自分に合っている。自立，マイペース，気が楽……。徐々にいろんな人を巻き込んでいけばいい。

もちろん欠点もある。最初は規模が小さい，助成や寄付は受けにくい，商品が売れなければ野垂れ死ぬリスク，前例がないので何をどうしたらいいか悩む……。

とにかくアクション，動きながら考えていこうと思った。内モンゴルと言えば石炭・天然ガス・レアアースといった地下資源やウール・カシミヤなどが有名だが，個人としては扱いにくいものばかり。

そこで一番先に目を付けた特産物は「塩」。内モンゴルでの3年間の生活のなかでモンゴルの塩の美味さは身に沁みている。モンゴル高原はかつて海だったので岩塩や湖塩が採れる。塩辛いだけでなく，ほのかな甘みを感じさせる塩。肉や野菜など素材の味を活かす。先ほども紹介したがモンゴル料理の味付けはほとんどが塩ベース。とてもシンプルだが逆に言うとソースや香辛料などでごまかすことなく素材の味がそのまま感じられる。とても贅沢な料理ともいえる。そして素材の味を引き出すのがモンゴルの塩。

これがビジネスを始めるのに一番適している，そう考えた私は2004年8月に教え子らと3人でオルドスの塩の産地を視察。しかしどこも塩は美味しいのだが，規模が小さく，とても輸出できるような体制ではない。いろいろ情報を集めて，オルドスの西隣に内モンゴルで一番大きな塩工場のあることをつきとめた。早速，その塩工場のある吉蘭泰（ジランタイ）へ向かった。そして塩工場の貿易担当者と商談。「内モンゴルの砂漠緑化の資金稼ぎのためにここの塩を日本で売りたい」と伝えると，その担当者曰く「じゃ，あなたは何百トン買ってくれるのか。」「いや，1人で始めるのでまずは5トンか10トンくらいで……。」「それでは話にならない。コストが合わない。」 あっけなく商談決裂。ただその担当者は最後にいい情報を教えてくれた。「実は日本にはすでに総代理店がある。岐阜県にある木曽路物産という会社だ。」

日本に帰国後，すぐに岐阜県に向かい木曽路物産の社長に直談判。「志がいい。まだ九州でモンゴルの塩は広まっていないので，九州の代理店として大いに塩を売って内モンゴルの砂漠緑化に貢献してほしい。」とありがたいお言葉をいただいた。この社長のご厚意により，モンゴルの塩を主に九州で売ることができることになった。そればかりではない。重曹・クエン酸・麦飯石などその他の内モンゴルの天然素材も販売できることになった。

そして2004年10月にまずは個人事業の形で「塩を売って緑を買う」バンベンを立ち上げた。

## 6．植林活動

　2004年末にオルドスに向かい，スージー村にモンゴルの塩などの売上2万元（約25万円）を寄付。2005年春からウランダワ砂漠での植林スタートをすることになった。その贈呈式がたまたま地元のニュースで取り上げられ，「オルドスに縁のある日本人がたった1人で緑化活動に取り組もうとしているのに，われわれが黙っているわけにはいかない。」と地元政府からも資金がつぎ込まれた。

　2005年4月に第1回ウランダワ砂漠日中共同植林が行われた。こちらの予想を上回る10万本の苗木を用意してくれただけでなく，今回の植林活動のために今まではジープしか通れない砂漠に通じる8キロの道を簡易舗装したり，砂漠を柵で囲み周辺の放牧地からの羊の侵入を防いだり，完璧な状態で事業をスタートすることになった。私の寄付が呼び水となった格好で，地元主体の事業となりとてもうれしかった。地元の牧民たちも非常に協力的で，積極的に植林活動に参加したり，禁牧を守ったり，われわれが調査に行った時は昼食を提供してくれたり，この活動は自分たちの活動だという意識が感じられる。

　以降，毎年4月と10月の2回，日中共同植林が行われている。参加者は地元の住民や林業局など政府関係者約30人と中国在住のビジネスマン・留学生・ボランティアなど日本人10～20人が共にスコップを取り砂漠緑化のために汗を流す。植えるのは「沙柳（シャーリュウ）」という潅木や「楊柴（ヤンツァイ）」という牧草などもともと地元に自生しているものを中心に植えている。1日中思いっきり木を植え続けた後は，村の集会所で交流会。共に羊を食べ，美酒を浴び，歌ったり踊ったり，夜更けまでたっぷりと親睦を深める。

　2010年までに約600ヘクタールの緑化が完了した。それまではとにかく緑化面積を増やすことを目標にしてきたが，2011年からは本来の目的である「住民の生活向上を伴う砂漠緑化」の実現に向かっている。それについては後述する。

## 7．ビジネスの流れ

　モンゴル岩塩などのような魅力的な商材があるのだが，バンベン設立当初はなかなか売上が伸びなかった。大手スーパーは相手にしてくれない。個別に営業してもなかなか取引までいけない。ある日，健康食品のお店に飛び込みで営業。店主にモンゴルの塩について懸命に説明。店主は「ふーん」，といった表情。そしてその売上が砂漠緑化に投入されるとたたみかけた。こちらとしては決め台詞とばかりに語気を強めたのだが，店主は急に顔をしかめた。そしてぼそっと一言「うちは砂漠緑化は要らないからその分安くしてくれる？」……。あえなく商談決裂。その後，砂漠緑化支援商品の価値を認めてもらうにはフェアトレード商品を扱っているようなお店がいいのではないか，と思いつき，インターネットで九州のフェアトレード店を調べて，車で九州を一周。フェアトレード商品を扱っているお店のオーナーはさすがにこちらの話を熱心に聴いていただける。いくつかのお店でバンベン商品を取り扱っていただけることになった。

　その後，多少費用がかかるが，食品の展示会やギフトショーなどに出展。人脈を増やし，こだわりの食材を扱う農産物直売所，農家レストラン，惣菜店，食品加工工場など，少しずつ取引先を増やしていった。

　一方，小売のほうも進めていった。まずはネットショップを開設。国際交流や環境のイベントなどに積極的に参加して展示即売などを行った。また，保育園の保護者会を通じた共同購入なども行われている。確かに少しずつ，売上は伸びているが，塩は単価が安く回転の遅い商品で食べていくのは大変。その上，年間50〜100万円をオルドスの砂漠化に投入している。赤字続き。貯金を切り崩しながら何とか継続している状態だ。

　ただ，人々の環境や社会貢献に対する意識も少しずつ変わってきているようだ。福岡では「バンベン」というと砂漠化をビジネスで解決する「社会起業家」として認知され始めていて，徐々にではあるが応援してくれる，企業・個人が

増えてきている。自分の志とそれに基づく行動が感動を呼び，共感を呼び，ビジネスや緑化の面での協力関係が生まれている。

## 8．ビジネスの広がり

　最近の営業スタイルとして，いろいろな異業種交流会やイベントに顔を出してまず自分のやっていることに興味を持っていただいたうえで，後日営業という形をとっている。特に「環境」「ソーシャルビジネス」「食」といったキーワードの交流会やイベントに行くと，つながる確率が多い。そういったつながりから起こるビジネスが面白い方向に広がっていっている。その例をいくつか紹介したい。

### （1）バンベン×福祉
　砂漠緑化支援商品の主力モンゴルの塩は上述の木曽路物産（株）から業務用のものを仕入れて，自分で袋詰めラベル貼りを行いバンベンのオリジナル商品として販売していた。商品が売れるにつれて，そういった作業が負担になっていた。福岡で行われたソーシャルビジネスの会合を機に，福岡県宗像市にある障害者支援施設「はまゆうワークセンター宗像」とつながった。現在はバンベン商品を同センターのルートで販売していただいている他，バンベン商品のラベル貼りや袋づめはすべて同センターにお願いしている。私は作業の手間を省き，営業に集中できるようになったし，作業所の障害者の方々にも少しだが，賃金が支払われることになりお互いにメリットのあるコラボレーションが実現できた。

### （2）バンベン×食品加工
　モンゴルの塩と日本の食材を融合させて付加価値のある食品加工品を開発，販売していく取組み「＆モンゴルの塩プロジェクト」を進めているが，地域貢献のイベントを機につながった福岡県田川市の食品加工会社「井上薫商店」と

新商品の開発が進んでいる。モンゴル岩塩は素材の味を引き立たせる特徴があるので,「蕎麦の実塩」「ハーブソルト」などの販売にこぎつけた。これら加工品のラインナップが増えると売上の拡大が見込める。

### (3) バンベン×国際協力

フィリピン・ケソン市パヤタス,カシグラハンというゴミ山周辺のスラムに暮らす人々への支援を行っているNGOで,現地の「子ども」と「女性」への支援を中心に行っている「特定非営利活動法人ソルト・パヤタス」とは「ソルト」つながりで,モンゴルの塩をネットショップで販売していただいている他,雑貨の共同開発,販売も計画されている。

### (4) バンベン×災害支援

私は東日本大震災の復興支援ボランティアや視察などで2回,東北を訪れた。また去年の夏の九州北部豪雨の災害支援ボランティアには5回,八女市などの被災地を訪れている。そうしたなかで東日本大震災や九州北部豪雨などの支援活動を行っている団体「夢サークル」とのコラボが実現。支援活動の資金を稼ぐためにモンゴル岩塩を「福幸志塩」という名前で商品化,文字通り,一部は災害復興支援に一部はオルドスの砂漠緑化に投入される。

### (5) バンベン×101プロジェクト

「社会貢献」をキーワードにつながった仲間同士で2011年10月1日,福岡天神のビアガーデンを貸し切った壮大な飲み会を実施。「社会貢献」と一口に言ってもいろんなカタチがある。すでに企業や団体で社会貢献活動をしている方,また,個人でボランティア活動をしている方,「これから何かやりたい。」「自分のチカラが少しでも役に立てば…」と思っている方……。「誰かのために何かをしたい。」「誰かが喜ぶ顔が見たい。」 そういう志を持った方々が200人近く集結。ジョッキ片手に"出会う→つながる→新しい発見→何かが生まれる"。職種や年齢や肩書などあらゆる垣根を取り外し,ビール片手に語り合

い，そこからいくつかのコラボレーションが誕生した。今後も年に数回実施される予定。

## 9．新しい緑化の種，ビジネスの種

　もともと砂漠化は人が経済活動（木の伐採，過放牧，過開墾など）を進めすぎたことが原因。今までは経済活動と生態系の維持が反比例な関係にあった。
　単に砂漠化した土地を緑に戻すだけでなく，経済性のある樹木の植林も進め「現地の人々の生活向上と生態回復（砂漠緑化）の好循環のモデル」が完成すれば，現地の人々や他企業がそれを参考に各自で砂漠緑化事業を進めていくことが期待できる。
　経済的にメリットのある植物はいろいろある。たとえばサージ，棗（なつめ），クコなどの栄養価の高い果樹や甘草などの漢方薬草が考えられる。もともと自生しているものなので栽培はそれほど難しくないと思われるが，それだけの市場があるのか，どう加工して販売していけばいいのか，いくつものハードルが待ち構えている。作りすぎて価格が暴落するリスクもある。
　栽培が容易で作りすぎの心配をしなくて済むほどの需要が見込める植物はないものか……。2005年の植林開始以来ずっと理想の経済林を探し続けてきたが，なかなか見つからない。2009年10月に「そんな夢のような植物がある」と聞きつけて，早速その植物の研究機関があるオルドスの東隣の神木県「神木県生態回復協会」を訪問。そこの責任者の張応龍氏と出会った。彼は「砂桃」という植物が砂漠緑化に適していると教えてくれた。「砂桃」とは昔，オルドスに多く自生していた灌木。油分が多く人も家畜も食べられない，ということで真っ先に伐採され，薪にされ，今ではほとんど見かけなくなった。しかし，最近神木県で「砂桃」の研究が進み，「バイオエネルギー，食用油，活性炭，化粧品の原料・漢方薬の原料」などさまざまな用途での利用が期待されている。もともと自生していたので植林の成功率が高い。植林後3年で実がなる。収穫も簡単。寿命100年。まさに理想の経済林。

これがうまくいくと砂桃植林で現地の人たちの収入を図れるとともにバンベンとしても砂桃油の販売を通して経営をより安定させ、より多くの資金を砂漠緑化に投入することができる。今までは「よそ」から持ってきた「塩」を売って砂漠化の進んだ地の緑化を進めてきたが、今後はそれに加え、砂漠化した地を緑にしながらそこで育つ植物を商品化して販売。その利益をまた緑化に投入していく……。正に真の意味での生態回復と経済発展の循環型のモデルが完成する。

　2010年、張氏は無償で砂桃の苗木数千本を提供してくれた。それだけでなく苗木の作り方から植林方法まで惜しみなく教えてくれた。彼はまさに「緑化同志」、砂桃事業が軌道に乗るようにこれからも協力していきたい。

　理想的な経済林だが、だからこそ「砂桃」の植林は慎重に進めていきたいと考えた。ウランダワ砂漠よりも気象条件のいいウーシン旗の教え子のノリブの実家にある砂漠化した土地約100ヘクタールを「砂桃栽培実験基地」とし、苗木作りから、植林、収穫、販売までのモデルを作ることにした。その後、ウランダワ砂漠やその他、砂漠化に苦しむオルドスの他の地域に広げていきたいと考えている。そして上記モデルを「オルドスモデル」とし、砂漠化に苦しむ世界中の地域に拡大させることができれば……、夢は果てしなく広がる。

## 10. おわりに

　今から21年前にたまたま派遣された内モンゴル・オルドス。そこでの出会いや体験がきっかけでまさか砂漠緑化事業をやることになるなんて。自分でも想像だにしていなかった。そして、確固たる事業計画もなくとにかくやってみよう、といって始めた「ビジネスを通じた砂漠緑化事業」。やればやるほど共感を生み、いろんなつながりが生まれ、これも想像もつかないほどさまざまな方向に広がっていっている。

　私はビジネス以外に年間20回ほど、小学校から大学、社会人まで実践に基づく環境や社会貢献ビジネスの講演を行っている。内モンゴルの砂漠化が黄砂

にもつながっていること，地球上のあらゆる問題がすべてつながっていることなど環境に対する人々の意識を今後も高めていきたい。

また，消費者には「買物を通じて環境をよくしていく，社会をよくしていく」という新しい価値観を持っていただきたい。

そして，「志」さえあれば，たった1人でここまでやれるということを後に続く社会起業家の卵たちにも示していきたい。

生活の向上と生態系の回復の両立モデル（オルドスモデル）が完成したら，世界中の砂漠化に苦しむ地域に普及していきたい。砂漠化した荒地から食糧や資源が確保できたら，あらゆる地球規模の問題（環境問題，食料問題，貧困問題，資源不足，戦争など）解決への道筋も見えることになる。

上記構想実現には今後も紆余曲折があると思うが，とにかくライフワークとして続けていくことにより，よりよい方法を見出しながら，夢の実現に向けて努力していきたい。

やりたいことは山ほどある。しかし，まずは足元を固めること。事業を安定させるために，当分はビジネスの拡大を最優先に考えている。今は自分1人で緑化活動とビジネスをこなしていて現状維持がやっとの状況。顧客（エンドユーザー）や，砂漠緑化支援商品の取扱店，CSR（企業の社会的責任）で砂漠緑化を考えている企業・団体，「砂桃」などの商品の開発パートナー，オルドスで有望な日本の技術・商品のサプライヤー，講座・イベント，マスコミなど，あらゆる方面で協力していただける方を募集している。

たった1人で始めた事業だが，いろんな方々に共感していただき，協力していただきながら，ビジネス拡大と緑化拡大の好循環を生み出していきたい。そして将来は緑化やビジネスだけではなく，教育・文化・観光・農業などあらゆる面で「日本とオルドス」そして「日本と世界」を結ぶ，真の意味での「総合商社」を目指したいと思う。

詳しくはホームページ（「オルドスの風」で検索）をご覧いただきたい。

# 第11章

# タイ，クロントイ・スラムでのまちづくり

松石達彦

[久留米大学経済学部]

## 1．はじめに

　国連によれば，昨年秋に世界人口は70億人を突破し[1]，出生率中位推計でも2050年には90億人を超える見込みである[2]。人口増加は主に発展途上国で著しいが，なかでも都市人口の増加が顕著である。しかし，近隣あるいは遠方の農村から都市への急激な人口移動は，都市における人口過剰状態を招き，スラム人口の増加やホームレスの問題などを引き起こしている。

　本稿では，タイの首都バンコクにおけるスラム人口増加がもたらす問題と，それを解決するための政府系機関の活動と，バンコクで最大のクロントイ・スラム地区を支援するローカルNGOのプラティープ財団の取り組みを考察する。政府組織やNGOが主導または助言する形で，いかにして住民の自主性，主体性を活かしたまちづくりが可能になるのか考察する。スラム地域での住民参加のまちづくりというと，通常のまちづくりとは違い，何か特殊なケースのように思われるかもしれないが，決して特殊ではない。実際，途上国においてスラムはごくありふれた存在であり，今後も途上国が世界人口増加の主役で，特に都市人口の増加が見込まれる状況下では，所得格差問題における劇的な処方箋でも編み出されない限り，スラム人口は増加していくと思われる。それならば，

スラムを根絶するのでなく、スラムの住環境をいかにして改善していくかを考えることの方が、現実的な選択肢となっていくだろう。

## 2．バンコクのスラム人口増加の経緯

### （1）スラムの定義とバンコクのスラム人口

　スラム（Slum）の定義は一様ではないが、UN-Habitat（国連人間居住計画）によると[3]、「低所得者居住地、または貧しい生活条件の場所であることを広く指す」。より具体的には、以下のような特徴がある。安全な水へのアクセスが不十分、住宅の造りが粗末である、衛生その他インフラへのアクセスが不十分、地域や一室あたりの人口が過密である、居住権が守られていない。このうち、最後の居住権に関して、「スクォッター（squatter）地区」という言葉があり、これは「不法占拠者の地区（またはそこに住む者）」を意味するが、スラム住民とスクォッター（不法占拠者）は同義ではない。スラム住民には土地所有者との契約により、そこに居住している者も多いからだ。バンコク都は人口が密集していて、住宅が老朽化し、不衛生化している居住地区を「人口密集コミュニティ」と定義しており、これが事実上スラムにあたる[4]。

　現在バンコクでは、1,800カ所以上のスラム地域があり、推計で300万人以上のスラム住民が生活している。タイの人口は現在6,408万人[5]に達し、そのうち首都バンコクの人口は687万人であるが、これにはスラム人口のような流動層が含まれていないため、実際には900万人とも1,000万人とも言われている[6]。いずれにせよ、首都への人口集中度は高く、バンコクに実際に住んでいる人の約3分の1がスラム住民と言われている。ではなぜこのようにバンコクへの一極集中が進んできたのであろうか。その歴史的経緯を辿ってみる。

### （2）バンコクのスラム人口増加の要因・背景

　東南アジアで唯一西欧列強の植民地化を免れたタイにおいて、チュラロンコン王（ラーマ5世）の果たした功績は大きい。1855年にイギリスと結ばれたボー

リング条約は、タイにとっては不平等条約であり[7]、開国による貿易促進、近代化政策の推進が焦眉の課題であることをタイ政府に認識させた。そこで、この危機的状況に対応すべくチュラロンコン王は近代化政策を推進したのだが、その過程で華僑が都市部で経済力を強めた。これに反感を抱いたタイ人は、1927年の移民規制法などで華僑の力を制限し、従来から華僑の得意分野であった商業や金融にも参入していった。これに伴い、1930年代以降、タイ人の都市部への流入が増え、バンコクにスラムが形成されていった[8]。しかし、あくまでこの時期はバンコクにおけるスラム増加の始まりであり、本格的な増加は第二次世界大戦後である。

戦後、ピブン政権（1948～1957年）は、ナショナリズムを前面に出した国家主導型の経済開発を推し進めた。国営企業を工業化の主体に据え、テクノクラートを重用した。工業化に伴いバンコクへの農民の流入が相次いだ。続いて、クーデターにより政権を奪取したサリット政権（1958～1963年）は、ピブン政権時代の国家主導型経済開発を否定し、政府はインフラの整備に注力する一方、工業化は民間企業中心に担わせた。同時に外国企業への優遇策も打ち出し、製造業や商社の外資系企業の進出を促した。工業化の推進のためには中間財や資本財の輸入が必須であることから外貨が必要であった。しかし、サリット政権では輸入代替工業化戦略をとったため、工業品（完成財）の輸出はできない。そこで、外貨獲得のためには一次産品の生産増強、輸出促進がとられた。外圧による開港以来、バンコクは貿易の中心であったが、工業化に伴う貿易増加により、貿易港としてのバンコクの機能は重要性を増した。港湾では特に積み荷仕事の需要が多く、多くの農民がバンコク湾に流入した。特にクロントイ地区は、港湾関係で働く出稼ぎ労働者で溢れ、沼地に粗末な仮設小屋を建てたスラムが肥大化していくことになった。

バンコクに地方から人が流入したのは、何も港湾関係で働きたいという理由だけではなかった。首都バンコクは、貿易や流通の中心地としての機能だけでなく、消費の中心、生産の中心、投資の中心、教育の中心、行政の中心、情報発信の中心でもあり、若者の憧れの都市として魅力を増していった。また、サ

リット政権では，国連や世界銀行からの援助もあり，インフラの整備が進んだ。特に交通インフラの整備により，バンコクと地方を結ぶ道路網が整備されたことが，バンコクへの人の流入を促した。バンコクの経済的，文化的魅力が周辺地域からの人の流入をもたらした「引っ張り要因」とすると，一方で農村地域からの「押し出し要因」も看過できない[9]。近代化の波が農村に押し寄せ，公共サービスの値上げなどにより相対的に農村が貧困化し，農村では生活できない者が都市に流入するという構図は，多くの途上国で共通する課題である。このように農村で経済的に困窮し，「やむを得ず」バンコクに向かった人々が多くいることを忘れてはならない。

　ともすれば，貧困と無縁な人たちは，スラム住民のような貧困層に対して「怠けているから」とか「自業自得」などと考えがちである。今年の9月にゼミ研修として，バンコクのプラティープ財団を訪問させてもらい，クロントイ・スラム地区を視察した。その後，財団本部でブリーフィング，質疑応答があったが，参加した学生の1人が翌日思わぬことを口にした。

　「先生，昨日ガイドさん（タイ人）に聞いたけど，やはりスラムの人たちは怠けているから貧しいと言っていました。やっぱりそういうことなんでしょう。」

　これには少しがっかりしたが，やはり世間一般の感覚はこんなものだろうと再認識させられた。財団のブリーフィングの際，プラティープ財団の紹介ビデオのなかでは，クロントイ・スラムがなぜ大きくなったかの説明のくだりは，前述の「押し出し要因」のみで説明されていた。すなわち，近代化推進により，政府が農村地域に対して無策であったがために，バンコクに出稼ぎに来ざるを得なかったという説明であった[10]。しかし，その説明をちゃんと聞いていたとしても，学生のなかにある，スラム住民＝怠け者というイメージが払拭されることはなく，またタイ人中流階級のガイドでさえ，同じタイ人の同朋に対してそのような偏見を持っていることを改めて思い知らされた。この学生の発言を受けて，私の返答は以下のようだ。質のいい教育や職業訓練がまともに受けられない状況では，何になりたいとか何を目指すといった目標設定自体が難しい。どのような方向性で努力したらよいかもわからない状態になりがちだ。よって，

写真1　クロントイ・スラムの路地　　写真2　線路際まで家が建つスラム

一概にスラム住民＝怠け者などとみなすのは乱暴すぎる。現にスラム地域の学生よりはるかに教育の機会に恵まれた日本の学生でさえ，「何になりたいかわからない。目標がない」と口にしているのをよく耳にする。スラム住民を「努力不足」の結果と断じるのはあまりに酷であろう。

## 3．バンコクにおけるスラム対策

　前節で，バンコクにおけるスラム形成の歴史的経緯を辿ってきたが，本節では，そのスラムに対してどのような対策が打たれてきたかを考察する。まずは，図表11－1でその概略をみてみよう。なお，中央政府やバンコク都庁の政策以外に，住民組織（CBO）やNGOの動きもイタリックで示した。

　1973年にタイ住宅公社（NHA）が発足し，格安家賃の公共住宅提供を中心にスラムの住環境の改善が図られた。1978年には港湾局とNHA共同で公共住宅を提供した。この間，一部の地域では立ち退きが強制的に行われている（Slum Clearance）。しかし，公共住宅建設事業が財政的に苦しくなったことから「サイト＆サービス（Sites & Services）」事業に切り替えられた。「サイト＆サービス」とは，水道や電気等の最低限のインフラを国が提供し，住居自体の建設は住民に任せるというものである。世界銀行も推奨した政策ではあるが，土地の確保が難しく，職場や以前の住所から離れた場所で行われるケースが多

**図表 11－1　タイ中央政府およびバンコク都庁（BMA）による主なスラム政策**

| 政　　　策 | 実施母体 |
|---|---|
| 1973 年　タイ住宅公社（NHA）設立　公的住宅供給を開始 | 中央政府 |
| *1970 年代後半〜住民組織（CBO）の形成，NGO の設立* | |
| 1978 年　港湾局による公的住宅建設 | 中央政府 |
| 　　　　　サイト＆サービス事業，土地分有事業 | 中央政府 |
| 　　　　　クロントイ・スラムの小学校認可（パタナー共同体） | BMA |
| 1982 年　地区住民委員会の登録開始 | 中央政府 |
| *1980 年代半ば〜CBO のネットワーク化進展* | |
| 1980 年代後半〜スラム地区の住宅登録開始 | BMA |
| 　　　　　子供たち全員の小学校入学を許可 | BMA |
| 1988 年　首相府にスラム居住委員会設置，NGO 代表 3 名が首相顧問に就任 | 中央政府 |
| 1992 年　UCDO（Urban Community Development Office）設立<br>　　　　　→貯蓄組合や住居改善と雇用促進目的の小口貸付を開始 | 中央政府 |
| 1996 年　NGO 向けの補助金配布制度開始 | 中央政府 |
| 1998 年　通貨危機を受けて，政府貯蓄銀行がソーシャルファンド室開設。宮澤ファンド[11]も活用<br>　　　　　→CBO や NGO に事業補助を開始 | 中央政府 |
| 2000 年　UCDO が農村開発基金と合併し，CODI（Community Organization Development Institute）に組織改編 | 中央政府 |
| 2003 年　タクシン政権下，CODI が実施母体となり，BMP（Baan Mankhong Program「安心できる住宅計画」），BUAP（Baan Ua Arthorn Program「私たちがケアする住宅計画」）開始 | 中央政府 |

出所：秦辰也（2005），pp. 182-183 からの抜粋，プラティープ財団聞き取りから作成。

いことから，住民が元の居住地域へ戻ってしまうなど，効果は限定的であった。そこで，新たに「土地分有事業（Land Sharing）」が実施された。この事業は，スラム居住地域を一旦さら地にして，その一部を地主が商業地などで使用し，残りの地域をスラム住民が居住地として使用するものである。実施に際しては住民の意向も取り入れられて，クロントイ地区をはじめ，ワット・ラーブラカオ地区，サムヨー地区，ラーマⅣ地区など多くの地域で実施された。この方法は，地主と住民が土地をシェアできる（土地分有）広さを持ったスラム地域では有効であったが，数多く点在する小規模なスラムには不向きであった。

一方，政府やバンコク都庁の政策とは別に，70年代後半は，スラムの住環境を改善するため，NGOや住民組織（CBO[12]）が数多く立ち上がった時期でもあった。1980年代半ばからはCBOのネットワーク化も進み，「住民参加」のまちづくり[13]が住民自らに意識されるようになった。住環境改善のための，住民の主体性・自主性の発揮である。もちろん，こうしたCBOの動きには，NGOとの連帯やNGOの助言が大きく影響している。住民ネットワークの拡がりを受けて，1988年，首相府にスラム居住委員会が設置された際，首相顧問としてクロントイ地区で活動しているNGOのメンバーが3人選出された。かつてのように，スラム住民やその支援団体のNGOを「共産主義者」として非難するのでなく，スラム問題解決のため，スラム住民の声を代弁するNGOと協力しようという政府の姿勢がうかがわれた。

　1992年にはUCDO（Urban Community Development Office）が設立され，政策実行の中核機関となった。UCDOはNHAの下部組織という位置づけながら，NHAに縛られない独立した理事会を持っていた。理事会は，3名の政府代表（中央省庁の役人），3名の民間代表（民間企業，学識経験者，NGO），3名のスラム住民代表の計9名から構成された。政府系機関でありながら，スラム住民の代表が意思決定に直接関与することから，住民の声が政策に反映されやすいことが特徴である。UCDOの政策的特徴は，スラム地域の既存の貯蓄グループ（大きな場合は信用組合）や，新規に組織させた貯蓄グループに，その回転資金を融資することにより，スラム地域の住民の連帯感を引き出すことにある。強化されたコミュニティが，自分たちの生活改善，居住環境改善に自発的に取り組むことが期待されるわけである。政府が貯蓄グループの形成というインセンティブを使って住民を焚きつけて，住民自らがスラムの環境改善に自発的に取り組むようにする仕組みである。UCDOの実際の運営においては，コミュニティの貯蓄グループからの貯蓄とさまざまなドナーからの寄付，政府の予算を合わせてコミュニティ開発ファンド（CDF Community Development Fund）を設立し，そこがコミュニティに直接融資する[14]という新しい方法を編み出した。これにより，政府，NGO，スラム住民のネットワーク化の進展に飛躍的

な進歩がみられた。

さらに，UCDO はコミュニティ間の連帯（ネットワーク化）を重視し，コミュニティに対する融資と同時に，コミュニティのネットワーク化自体に対して融資をするようになった。コミュニティ間でスラム環境の改善に関する取り組みの情報共有がなされたり，取り組み自体がネットワーク化され，スラム広域での改善につながることになる。この広域ネットワークの形成過程において，都市部スラムのネットワーク化だけでなく，同じく貧困地域としての問題を抱える農村部のコミュニティとも連帯しようという試みに拡がった。そしてこれが，2000 年，UCDO が農村開発基金と合併して，CODI（Community Organization Development Institute）に組織改編（昇華）することにつながった。

2003 年からはタクシン首相の強いリーダーシップの下，貧困対策に力が注がれた。CODI の助言を受け，政府は BMP（Baan Mankong Program 安心できる住宅計画の意味）を立ち上げて実行に移していった。低所得者向けの 100 万個の住宅建設をかかげたが，それは一様に同じことをするのでなく，コミュニティごとに住民，地方自治体，学識者，NGO などが話し合って最適な方法を選択するやり方であった。したがって，あるコミュニティでは土地分有が，またあるコミュニティでは再定住や既存住居のアップグレードなどが採られた。このプログラム実施のため，政府からの補助金だけでなく，既出の CODI によるコミュニティ開発ファンド（CDF）からも資金が融資された。CODI のやり方，特に最初にスラム住民の貯蓄グループを形成し，住民ネットワークを充実させていくというやり方は，近隣のベトナムやラオス，カンボジアなどの発展途上国でも採用されている[15]。

以上，バンコクのスラム地域増加に対する対策としては，当初は中央政府やバンコク都庁による「上から」の強制立ち退きや公共住宅の提供というハード重視の方法が採られたが，次第に NGO やスラムコミュニティ住民の「下から」のハードとソフト[16]の両面での解決方法が重視されるように変化していった。しかし，単線的に「上から」が「下から」に変化したわけでなく，両方の動きを上手く融合，すなわち，政府やバンコク都庁と NGO や国際機関，スラムコ

ミュニティ住民・CBO の三者が妥協点を見出し利害調整をしたうえで，最適な選択肢をコミュニティごとに選択するという方法が築かれていったといえる。秦辰也によれば，その過程で，住民参加のあり方も，上から指導されての「動員型」から，住民自らの主体性・自主性の発揮という「活力型 empower」へと変化し，住民への権限移譲が徐々に進行していった[17]。

## 4．プラティープ財団の取り組み

前節でみたように，スラム住民による CBO の活躍がスラム環境の改善に大きく貢献してきたが，スラム住民の empowerment（抑圧された個人・集団が自発的・自律的に自らの置かれた環境を変えていく力をつけること）に大きな影響を与えたものとして，NGO の存在がある。特に，ローカルな NGO はその国・地域の歴史や習慣，国民性などを熟知しており，スラム環境の改善に大きく貢献する活動をしてきた。特にソフト分野においてそのきめ細かい対応力，機動性に優れている。本節では，バンコク最大のスラムであるクロントイ地区で長年にわたり住民参加のまちづくりを実践してきたローカル NGO，ドゥアン・プラティープ財団の取り組みを取り上げる。

### （1）プラティープ財団の歩み，現在の活動概要

プラティープ氏（プラティープ・ウソンタム・秦[18]）は，「スラムの天使」として国際的知名度も高く，タイ国内でも 2000 年から 2006 年まで上院議員を務めた。クロントイ・スラム地区で生まれた彼女は，小さいころから港湾で働き，1968 年，16 歳で姉と始めた「一日一バーツ学校」が現在のプラティープ財団のもととなっている。クロントイ港で働く親の子供たちを預かって勉強を教えるのが「一日一バーツ学校」であるが，単に勉強を教えるだけでなく，クロントイ地区住民の情報交換の場となり，住民のネットワーク，結束を強める機能も果たしていった。1971 年のクロントイ港拡張計画に伴う，港湾局によるクロントイ住民の強制立ち退きに対して，住民は結束して戦い，初めて住民代表

が港湾局と直接交渉をすることになった。1974年に彼女はNHKからアジア青年賞を受賞し，1978年には「アジアのノーベル賞」と称される「ラモン・マグサイサイ賞[19]（公共福祉部門）」を受賞し，一躍有名になった。その時の賞金2万ドルをもとにドゥアン・プラティープ財団を同年に設立し，タイ国内や日本，欧米などからの支援も受け，子供たちの教育やスラム住民立ち退き問題などを中心に，スラム地域の住民の生活改善に取り組み，今日に至っている。「ドゥアン・プラティープ」とは「希望の灯」のことであり，「慈悲心を持って，人々に灯りを灯していく[20]」ことを意味する。そして，1980年には，アメリカのロックフェラー財団から「世界青年賞」を受賞し，その賞金1万ドルで「スラム・チャイルドケアー財団」を設立。同財団はガラヤニー王女殿下が支援をしている。2004年にはスウェーデンのNGO「チルドレンズ・ワールド」より，「世界子ども賞」「グローバル・フレンズ賞」を受賞。さらに，2007年にはユネスコより，傑出した仏教徒女性に贈られる賞を受賞している[21]。同財団には，日本人ボランティア職員[22]も常時3～5名在籍しており，日本と財団のネットワーク構築に大きく貢献している。

　財団の予算は，09年で約6,600万バーツ[23]。07年の8,000万バーツから大きく減少している。リーマンショックの影響や，エイズプロジェクト等特別なプロジェクトにしかタイ政府からの援助が受けられないのが原因だという。財団の活動の柱である教育事業には，タイ政府からまったく援助が得られていない。財源の内訳は図表11-2のようになっている。

　タイ国内からの援助が一番多いが，政府からはわずか0.2%で，企業と個人からの寄付が全体の57%近くを占める。外国からの援助は，日本からが最も多く，21%。続いて，英国，米国，豪州となっている。財団に援助している日本の団体は30あり，NGOや仏教関連の宗教団体である。意外なことに，タイ国内で操業している日系企業現地法人からの援助はない。プラティープ財団の知名度が高く，援助の必要性がないと考えられているのではないかと国際部ラダパン氏は推測している。しかし，NGO関係者にこそ有名な財団であるが，一般の日系企業にとってそこまでの知名度はないからかもしれない。現に，タ

図表 11-2　プラティープ財団の財源内訳（09 年）

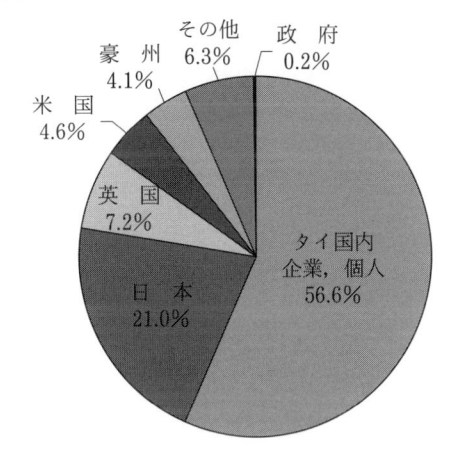

- タイ国内企業，個人 56.6%
- 日本 21.0%
- 英国 7.2%
- 米国 4.6%
- 豪州 4.1%
- その他 6.3%
- 政府 0.2%

（注）「その他」は，自主財源とシンガポール，イタリア，スイス等からの援助。
出所：プラティープ財団国際部部長からの聞き取りにより作成。

イで訪問した日系企業では，財団の名前を知らない現地駐在員が多かった。その他が 6.3％ あるが，そのうち「自主財源」の正確な数値は不明だが，5％ を下回っているという。「自主財源」は財団本部にあるフェアトレードショップでの雑貨の販売，「生きなおしの学校」でのアブラヤシ栽培によるものである。自主財源の拡大が大きな課題となっている。

　財団の現在の活動は以下の 4 つのカテゴリーに分類できる。以下，財団 HP と財団提供資料，財団国際部での聞き取りからまとめた。

## 1．教育支援

- お話しキャラバン―絵本の読み聞かせや人形劇の公演，ワークショップなどを通じて子供たちの自発性，想像力を養成する。
- 芸術プロジェクト―放課後，財団本部での絵画，バティック，工作の指導。想像力や独創性を養う。
- 難聴児教室―難聴児への恒常的な教育プログラムの実践。生活習慣や健康のための知識，読書，記述，絵画，伝統楽器の演奏などを教え通常の子供

と同じように可能性を伸ばす。
- 幼稚園—財団が設立したドゥアン・プラティープ幼稚園の管理運営。
- 教育里親制度[24]—幼稚園から大学までの奨学金援助。

## 2．スラム地域開発
- 高齢者プロジェクト—子供から扶養してもらえない高齢者向けに集会を開き，食事の提供，読経，体操などを通じて高齢者間の親睦を図る。老人性疾病への援助。
- スラム地域の幼稚園支援プロジェクト—クロントイ地区にある8つの幼稚園のネットワーク形成のコーディネート。給食・栄養補助支援。教育水準の向上支援等。
- クロントイ信用組合—18の地区の住民から預金を集め，お金が必要な人に貸し出す，相互扶助の信用組合。
- 障害者向けヘルスケア

## 3．生活向上
- 青少年育成プロジェクト—スラム地区の青少年を麻薬の売買から遠ざける活動。
- 「生き直しの学校」プロジェクト[25]—自然のなかで暮らすことにより，麻薬使用からの立ち直り，DVによる心の傷の修復，職業訓練，規律正しい集団生活による社会復帰。
- エイズ予防対策プロジェクト—HIVに関する正しい知識，予防方法の啓蒙活動。感染者へのカウンセリング，職業斡旋等。

## 4．緊急支援
- クロントイ消防隊—スラム地区の青年ボランティア消防隊員と財団による自衛消防隊。24時間体制で緊急出動が可能。
- 津波プロジェクト—2004年のスマトラ沖地震によって被害を受けたタイ南部への支援活動。人形劇などの公演やカウンセリングを通じた被災者への心のケア。教育支援や職業訓練等。

以上，4つのカテゴリーで14の事業があるが，実際にはこの他にも出生証明や身分証明の取得を支援する「無国籍者支援事業」などいくつかの事業がある。また，分類の仕方によって事業数のカウントも変わってくる。このなかで，住民参加の色彩が強いのが，幼稚園支援プロジェクトやクロントイ消防隊，クロントイ信用組合である。これらの活動は住民の参加と創意工夫，それによる住民のネットワーク構築が不可欠な分野である。

## （2）クロントイ信用組合の設立経緯とその運営状況

クロントイ信用組合は，プラティープ氏のアイデアで1994年に設立された。経済成長に伴い物価が高騰し，スラム住民が金銭的に困窮し，1日に1～3％もの利子を課す高利貸しから借金をして苦しんでいる状況を改善する目的で設立された。高利貸しから借金をした人は，その返済に追われて家にも寄り付かなくなり，家庭問題として子供に悪影響が及んでしまうこともある。そうした状況を改善するためにも良心的なお金の貸し手が必要であった。しかし，もっと直接的には，同年に起きたクロントイ地区での火災がきっかけとなった。クロントイ地区のなかでもスラム住民による不法占拠状態である地区は，基本的に国や地方自治体等からの援助を受けられない。そこで，復興のための資金を住民が皆で融通するため信用組合を立ち上げることが必要となった。多くの住民が高利貸しから復興資金を借り入れてしまうと，借金地獄から抜け出せなくなることが危惧されたからである。財団HPによれば，設立の目的は以下の4つである。

1．必要性に応じて小額でも預け入れできる口座を持つことができる
2．金銭的に緊急を要する際，低い利息率で借り入れができる
3．スラム住民が主体となり，一緒に管理面などで協力し合うこと
4．住民組織機関としての強化

プラティープ氏のアイデアで設立されたものの，その後の組合の発展は，住

民の力によるところが大きかったと,前会長のトンプー氏は指摘する[26]。すなわち上記目的の3と4が実践されているのである。トンプー氏自身,財団の職員でなく,住民委員会のメンバーであり,ボランティア精神で組合を発展させてきたと自負している。前節で見たように,住民のネットワーク形成,強化には貯蓄グループ,信用組合の形成から始めるのが成功しやすい。クロントイ信用組合の場合は,プラティープ財団の下,先に住民委員会が組織されていたので,住民の主体性をより発揮しやすかったと言える。

　信用組合の運営状況は概ね良好である。2010年3月時点で,クロントイとその周辺の18地区で1,144人が信用組合に入っている。預金残高は1,500万バーツに上る。預金通帳には2種類あり,赤の通帳が定期預金,青の通帳が普通預金通帳に相当する。通帳のみでカードはない。信用組合から融資を受ける場合は,預金残高の5倍まで借り入れ可能であるが,上限はビジネス用途での15万バーツ[27]である。月1回の理事会で融資に関する決定を出している。現在,理事会は地域住民の15人から構成されている。基本的には18の地区からそれぞれ約1名の理事を選出する。3人の専属職員が理事を兼ねていることもある。非常にシンプルな仕組みで,住民主体で運営されている信用組合である。

　基本的に借りる本人の返済能力と担保価値で融資額を決めている。貸倒れ率はどれぐらいかと質問してみたところ,貸倒れはゼロという意外な答えであった。連帯保証人を3人(2人は組合員,1人は外部の人)確保し,保証人の家も担保にするから,貸倒れにはなりにくい。外部保証人には給与明細も提出させるし,家の担保価値も審査する。返済期間は3年で,本人の収入や借金状況もきちんと審査して,返せると思われる額しか貸さない。よって,本人が返済することがほとんどで,保証人に頼ることは少ないという。

　組合専属職員3人の給料は組合持ち(利息収入から支払われる)であるが,福利厚生のみプラティープ財団持ちで,財団職員と同じ待遇である。組合には,月10万バーツの利息収入があり,諸経費(3人の給料を含む)が月42,000バーツ。残りの58,000バーツが利益となる。利益をプールして,株や債券に投資することはない。毎年の利益は会員に還元される。年間,70～80万バーツを

写真3　クロントイ信用組合の本店兼事務所（中央はトンプー氏）

1,144人に配当金（利子）として分配している。利率は一般銀行より良い。一般銀行は普通預金で，大よそ，100バーツに対して50サタン（1バーツの半分）の利子で，年利が約0.5%。一方，信用組合は普通預金で100バーツにつき1.5バーツの利子で，年利1.5%，また，定期預金では3%の利息がつく。クロントイの住民にとって同信用組合は地理的にも近いし，利率も一般銀行より高いので利用率が高い。

　トンプー氏に信用組合の運営に問題点はないか尋ねたところ，今は特にないとのこと。以前にプラティープ氏が同信用組合の会長をしていた時は，融資の審査が甘かったので貸倒れが時々あったらしい。しかし，4年前にトンプー氏が会長になり，融資審査を上記のごとく連帯保証人の担保まで審査する等厳格にしたところ，貸倒れがなくなったそうだ。ただし，審査が厳しくなった分，本当にお金が必要な人に融資されているのだろうかという疑問はある。しかし，それでも組合が財団の援助に頼らず独立採算制を保つことが，組合およびその地域の持続的発展には欠かせない。借り手へのシンパシーから融資条件を甘くしても，結果として組合が破綻してしまっては元も子もないからだ。

　財団本部のすぐ近くの信用組合のオフィス兼店舗を見学させてもらった。そこでは3人の女性職員が働いていた。月に約500人が来店するそうだ。ちょうど，花畑で花摘みの日雇い仕事を終えた女性（20代前半ぐらい）がその日当を

預けに来ていた。店舗は強盗などの被害にあったことも，その危険を感じたことも今まではないそうだ。プラティープ氏のアイデアで始まった組合だが，地域に根付き，地域住民の手で運営され，3人の職員の福利厚生以外は財団の支援も受けておらず，まさに信用組合の精神である「自立共助」が地域の持続的発展の可能性を高めていると感じた。

## 5．おわりに

　スラム地域の環境改善には，もちろん政府の力が重要であるが，それを補うNGOの力も大きい。そしてどちらが指導するにせよ，CBO，住民が主体性をもって「まちづくり」に参加していかなければ，本当の意味での改善はない。スラム地域のまちづくりにあたっては，政府・バンコク都庁（行政），NGO，住民の三者が協力関係を築き，「手続き・仕組みはシンプルに，対策はきめ細やかに機動的に」が求められる。そのためには，住民の自発的参加，empowermentが欠かせない。本稿では，住民のempowermentを引き出すタイ政府の対策として，UCDO/CODIの取り組みと，ローカルNGOのプラティープ財団の取り組みを考察した。考察にあたって，中央政府とバンコク都庁，NGOの取り組みのどこまでが重複していてどこまで分担がうまくいっているのかが筆者の勉強不足もあり必ずしも明らかではない。しかし，現地で見聞きした実感としては，カンボジアのように「学校を建てる」NGOなどが多すぎて，逆に管理しきれていないような状況[28]よりはだいぶ進んでいると感じた。しかし，それでも個々のNGOやコミュニティが抱える課題も尽きない。プラティープ財団の場合，財団本部の立ち退き問題，政治の不安定化[29]による影響，自主財源確保の問題などがある。自主財源が拡大しない限り，引き続き日本からの支援も欠かせない。

　また，現地タイの状況は，コミュニティ意識がますます希薄化する日本とはかなり異なると感じた。タイではコミュニティはとても重要である。ボランティア職員の日本人職員の1人が，「スラム地域に住んでいて危なくないんです

か」という学生の質問に対して「スラム地域を出たほうが私は怖い。コミュニティではお互いの顔が知れているから泥棒にも入られにくい，よそ者が入ってきたらすぐにわかる」と答え，学生は驚いていた。本当の意味のまちづくりとはハードを整えることではなく，環境保護や教育，治安，人間関係のつながりなどソフト面を充実させることである。コミュニティのつながりが治安対策，セーフティーネット構築にもなる。

　スラム地域の住民参加のまちづくりを見聞きして，日本こそコミュニティの再構築が必要なのではないかと考えさせられた。欧米の個人主義がアジアのなかでいち早く浸透した日本では，隣人との付き合いが明らかに薄れている。コミュニティ意識の欠如である。コミュニティの付き合いが特になくても不便しないぐらいインフラ整備，医療や教育等のソフト面での整備があることも一因だ。しかし，近年，コミュニティ欠如を象徴するような「孤独死」の問題や，長年問題視されている商店街の衰退なども一層進んでいる。途上国でのスラム住民参加のまちづくりは，日本でのコミュニティ再構築に何らかの示唆を与えてくれるかもしれない。

## [注]

（1）国連人口基金（UNFPA－United Nations Fund for Population Activities）『世界人口白書　2011』, p. ii。2011年10月31日に70億人に達すると推計している。

（2）United Nations, Department of Economic and Social Affairs, *World Population Prospects, the 2010 Revision* なお，高位推計では100億人を優に超え，低位推計では80億人台前半と推計している。

（3）UN-Habitat, *The challenges of slums : Global report on human settlements 2003*, London : Earthscan Publications, 2003.

（4）秦辰也『タイ都市スラムの参加型まちづくり研究―こどもと住民による持続可能な居住環境改善策―』明石書店，2005年，p. 23。

（5）タイ国統計局，2011年の値。国連人口基金（UNFPA－United Nations Fund for Population Activities）『世界人口白書　2011』によれば，2011年でタイの人口は

6,950万人である。
（6）687万人はタイ国家統計局の2010年の数字。国勢調査はなく，バンコク都が行った調査によると，スラム街などの流動的な人口を入れて約900万人。
（7）タイ王室独占貿易権の剥奪，英国が指定する関税率の受入れ，英国のタイでの治外法権，すべての港の開港などを含む。
（8）秦，前掲書，p. 49。
（9）バンコクへの人の集中要因として，バンコク側からの「引っ張り要因」と農村からの「押し出し要因」を指摘しているものとして，新津（1986）を参照（新津晃一「バンコクの都市化とスラム（2）：向都移動に伴う過剰都市化」，『所報』296号，バンコク日本人商工会議所，1986年）。
（10）プラティープ財団の紹介ビデオは，財団のホームページ（http://www.dpf.or.th/jpn/projects/index.html）からも視聴できる。
（11）1998年10月に宮澤蔵相により提唱された，アジア通貨危機に陥った国への総額300億ドルの資金援助スキームが「新宮澤構想」。その構想実現のために設立されたファンド。
（12）住民グループが，生活環境の改善のために形成する住民組織。貯蓄グループや住民委員会の形をとる。
（13）「まちづくり」をひらがな表記する理由は，ハード面だけでなくソフト面も含めたトータルなものであるということを表すためであり，住人も主体的に参加することが前提となっている。
（14）銀行は個人や企業に融資するが，スラムのコミュニティには融資しない。コミュニティに融資することにより，コミュニティの構成員である住民がその管理運用に対して責任を持ち，結果としてコミュニティの強化につながる。CDFからはコミュニティだけでなく，スラム支援をするNGOに融資される場合もある。
（15）以上，NHA発足からBMPまでの流れは，秦辰也，前掲書，pp. 173-186，下川雅嗣「タイにおける国際居住年記念受賞者の活動現況調査報告」，2007年，http://pweb.sophia.ac.jp/shimokawa/poverty/text/somsook&HSF.pdf を主に参照。
（16）ここでは，ハードは公共住宅の提供，ソフトは貯蓄グループのような住民ネットワーク，教育・職業訓練，環境改善の取り組みなどを指す。
（17）秦辰也，前掲書，p. 82。
（18）本稿でたびたび参考文献にあげられる著者の秦辰也氏が，プラティープ氏の夫である。

(19) 1957年に飛行機事故で他界したフィリピンの元大統領ラモン・マグサイサイの名にちなむ。同大統領は清廉潔白な民主主義者として知られる。アメリカのロックフェラー財団がお金を拠出して設立した賞で、アジア地域で自己の功名心に基づかず、傑出した社会奉仕等をした個人や団体に贈られる。

(20) プラティープ・ウソンタム・秦、ペンワディー・セーンジャン編『ドゥアン・プラティープ財団 30年の歩み：過去の経験から、未来を拓く』プラティープ財団、2010年、p. 21。

(21) 以上、プラティープ財団の設立経緯に関しては、プラティープ財団ホームページ (http://www.dpf.or.th/jpn/projects/index.html)、プラティープ・ウソンタム・秦他編、前掲書、pp. 1-22 を参照。

(22) ボランティア職員は完全な無償奉仕ではなく、最低限の生活費は保障されており、皆、プラティープ氏の活動に同調して、現地基準の慎ましやかな報酬で働いている。

(23) 1バーツは約2.5円。財源のデータは国際部長ラダパン氏からの聞き取り。

(24) この事業には、福岡の国際NGO「くるんて〜ぷの会」等も支援し、スラム地域の子供を1人でも多く学校に通わせるべく、主に奨学金を募る取り組みを行っている。

(25) 筆者が2010年3月に訪問した少女たちのための「生き直しの学校」は、映画「戦場に架ける橋」でも有名なカンチャナブリ県にあり、正確には「学校」でなく、「養護（更生）施設」である。少年たちのための「生き直しの学校」はここは別にチュンポーン県にある。カンチャナブリ校に入っている子供の多くはDVや薬物中毒、貧困などにより家庭にいられない事情の子供たちである。対応してくれた、親代わりの教師3名もプラティープ財団の学校出身である。広大な敷地のなかでは油ヤシの栽培もしており、学校の運営資金を少しでも自ら捻出することを目指している。

(26) 2010年3月にプラティープ財団本部で、クロントイ信用組合前会長のトンプー氏に聞き取りを行った。トンプー氏は引退後も、組合のために完全無給で指導にあたっている。

(27) 金利に関しては、アドオン方式も残債方式も併存。

(28) 現在、カンボジア政府は多すぎるNGO組織に対して登録を義務づけて、活動状況を少しでも把握しようとしているが、登録制にはNGOが猛反発している。

(29) 2010年訪問後、筆者が財団を訪ねた直後にタイでのデモ隊と政府軍の衝突が激しくなり、街頭演説をしたプラティープ氏に逮捕状請求が出され、プラティープ氏は日本に身を隠さざるをえなくなった。現在、逮捕状は取り下げられプラティープ氏はタイに帰国し、貧困層が主な支持基盤のインラック（タクシンの妹）政権になった。

# ［参考文献・WEB サイト］

Sen, Amartya, *Development as Freedom*, Anchor Books, 1999.

United Nations, Department of Economic and Social Affairs, *World Population Prospects, the 2010 Revision.*

UN-Habitat, *The challenges of slums : Global report on human settlements 2003*, London : Earthscan Publications, 2003.

大江健三郎，プラティープ・ウソンタム・秦，ロナルド・ドーア『シンポジウム　共生への志―心のいやし，魂の鎮めの時代に向けて―』岩波ブックレット，2001 年。

国連人口基金（UNDPA―United Nations Fund for Population Activities）『世界人口白書　2011』。

下川雅嗣「タイにおける国際居住年記念受賞者の活動現況調査報告」，2007 年（http://pweb.sophia.ac.jp/shimokawa/poverty/text/somsook&HSF.pdf）。

下川雅嗣「貧困者の歩みの発展：新たな発展（開発）モデルを求めて：パキスタン，タイの事例から」，2007 年（http://pweb.sophia.ac.jp/shimokawa/poverty/aglos.pdf）。

秦　辰也『タイ都市スラムの参加型まちづくり研究―こどもと住民による持続可能な居住環境改善策―』明石書店，2005 年。

新津晃一「バンコクの都市化とスラム（2）：向都移動に伴う過剰都市化」，『所報』296 号，バンコク日本人商工会議所，1986 年。

西川　潤『アジアの内発的発展』藤原書房，2001 年。

プラティープ・ウソンタム・秦，ペンワディー・セーンジャン編『ドゥアン・プラティープ財団　30 年の歩み：過去の経験から，未来を拓く』プラティープ財団，2010 年。

松石達彦「住民参加のまちづくり―タイ，クロントイ地区の例―」，『産業経済研究』第 51 巻第 4 号，久留米大学産業経済研究会，2011 年。

タイ王国統計局ホームページ（http://web.nso.go.th/index.htm）

プラティープ財団ホームページ（http://www.dpf.or.th/jpn/projects/index.html）

# 第12章

# ゴランピアのにぃちゃんの飽くなき挑戦！

里川径一
［AIM 国際ボランティアを育てる会］

## 1．ゴランピア!?

「ゴランピア」この，辞典にもウィキペディアにものっていない言葉に今までに出会った方がおられるだろうか。私がこの言葉に出会ったのはこの地に住み始め活動を始めた頃のことだ。「AIM 国際ボランティアを育てる会」（以下 AIM），これが私たちの NGO の名称。AIM が主に活動する地域は日本とそしてカンボジア。ちなみにカンボジアのゴランピアという村ともつながりがあるわけではない。謎めいた言葉ゴランピアを説明する前に，まず私が住みついた AIM の本部事務所のあるこの地のことをお話したい。

この地とは福岡県朝倉市黒川，まさに福岡のヘソ的な場所に位置する中山間地域だ。黒川のある高木地区の人口は現在 475 名。うち 65 歳以上の方が現在 260 名で高齢化率は 54.7%。自他ともに認める過疎地域だ。私はあえてポジティブにこのことを捉えるべく，過疎の先進地域と呼んでいる。

そんな黒川に私が住みつき AIM の活動を始めたのはちょうど 12 年前，当時私が住みついたのは使われなくなった郵便局の局舎だった。なんだか知らんが若者が住みついたということで，自宅兼事務所にはいろんな方々がやってきたものだった。お客さんが来ると玄関先で茶飲み話が始まり，「神戸での震災

のボランティアがきっかけでいつの間にか海外のボランティア活動へと活動の枠が広がり，いろんな縁でこの地で新たなボランティア団体を立ち上げ，私が専従スタッフとしてここに住みつくことになりました！」と自己紹介。するとたいていの方が「へーーーあんたぁー，海外のゴランピアをしおるったいなぁー。」と口にするのだ。

　最初はキョトン？　としたものだが，ゴランピアとはすなわちボランティア。今ではゴランピアになんの違和感も覚えなくなったが，そんなこんなで地域の方々から私は『ゴランピアのにぃーちゃん』と呼ばれることとなった。しかし年を重ねその名は『ボランティアのにぃちゃん』，それがいつの間にか『里川くん』，次第に『里川さん』と変遷し今では『里川』と呼び捨てで呼ばれることがほとんどとなった。「しっかりもんかと思っとったら，お前は以外にぬけちょる！　抜けちょるけん，黒川から点を4つとって里川たいなぁー」とよく笑いながら言われている。この名前の変遷こそが私がこの地域に住んできた年月をあらわすものだと感じている。

## 2．「あんた，そげん自転車すいとーとな??」

　ゴランピアのにぃーちゃんが最初に地域の方々からよく言われた言葉だ。これを訳すなら「君はそんなに自転車がすきなの??」といった意味だ。なぜそのように言われたかというと，黒川の旧郵便局のなかに，行政から譲っていただいた放置自転車を持ち込んで，昼夜問わず自転車を改造し，自転車に囲まれて生活していたからだ。何をしているのか不思議がるのも無理もない。

　以前，私は大学生の頃 KOVC（久留米地球市民ボランティアの会）の活動で，アフリカのモザンビークの現地NGOが行っている銃の回収の活動『銃を鍬に』

に出会い，銃との交換物資として福岡県久留米市において行政が処分していた放置自転車を譲り受け，現地へ送る活動を行っていた。行政が税金をつかい放置自転車を処分するぐらいなら，自転車として使ってもらったほうがいい！現地の内戦で溢れた銃の回収に使われるならまさにこれは一石二鳥との思いで活動していた。

　実際現地に行き，回収現場にも足を運んだ。そのおかげで銃回収が進んでいることもわかったのだが，その際思いがけず，倉庫横に野ざらしにされた日本の国旗がついたトラクターの数々を目撃することになった。なぜ置きっ放しなのかを尋ねると，それは動かすのには燃料が必要だし，壊れた場合に修理しようにも部品がない，さらにまともに操作できる人もいない……との回答。現地にて，自転車が有効に使われているのに，それより高価で喜んでもらえそうなトラクターがまったく使われていない姿は，私のその後の国際協力のスタンスに大きな影響を与えるものとなった。

## 3．適正技術ってなに？

　さて，私が大学卒業後，黒川の地で自転車を改造して作っていたもの——それは「足踏み水車」だ。なぜ自転車なのか？　というと，前述の活動で放置自転車を譲っていただきやすい立場にあったということもあるが，その他にも理由がある。自転車に乗っていて，もし動かなくなったとしても，誰もが一度は自分でなんとかしようと試みるのではないだろうか。自動車とくらべれば自転車は作りがシンプルで仕組みが目に見える。そのシンプルな作りが自転車を改造していた理由なのだ。

　トラクターのような化石燃料を必要とする農機具等は，修理に専門の知識や特殊な道具や部品が必要となったりする。そのため私がモザンビークで目にしたトラクターは使用されていなかったのだが，もし自転車のようなシンプルな仕組みのもので農機具が作れるなら，専門の知識や道具が不要で，俗に発展途上国と言われている地域の方々もすぐに使用でき，その後のメンテナンスも可

能となると考えたのだ。

　このような技術のことを国際協力の世界では適正技術や中間技術と呼んでいる。実は私たちのNGOの名前AIMは（Appropriate technologies International Movement）適正技術の国際的な運動体という意味だ。その適正技術の象徴的なものを我々は自転車だと考え、子どもや女性が苦労している水汲みの労働に自転車が使えないかと、その改造に取り組んだのだった。

## 4．バカポジティブでGO！　活動のなかで生まれてくる出会い

　自転車を改造して水車を作る！　これが私の大きなミッションとなった。しかし、私にはまったく専門知識がない。高校も普通高校を出て、卒業した大学での専攻は心理学。誰がみてもお門違いなのは明白。しかし私はこれをポジティブに捉え活動していた。「自分のように専門知識がない者に作れるならば、それは誰でも作ることができるし、たとえ壊れたとしても修理できるものになる」と考えたのだ。何度も壁にぶつかりながらもこの思いで改造を試みていた。

　そのポジティブさに加え、自転車を改造した水車の完成を支えたのが、多くの方との出会いである。改造は1人で行うことが多かったが、とにかく自分がやっていることを多くの方々に語ることにしていた。そのおかげで色々な方からさまざまな方を紹介していただき、必ず紹介していただいた所を訪ねていた。

　そんなつながりで、福岡県久留米市に日本水車協会の事務局があることを知り、当時日本水車協会の事務局長をされていた故香月徳男氏と出会えることになった。緊張しながら氏を訪問すると、そこには私が自然体験活動のボランティアで学生時代に利用していたキャンプ場の管理人のじぃちゃんが座っていた。まさか、キャンプ場のじいちゃんがそんなことをしていたとは驚いたものだ。

　そしてその日、香月氏から、日本でも数少ない水車大工の野瀬秀拓氏の所へ連れて行っていただくこととなった。すると目の前に現れた野瀬氏は、当時知識のない私が水車作りのテキストにしていた本に紹介されていた水車職人さん

だったので，腰を抜かした。なお後年，この野瀬氏と共にカンボジアの水車職人さんと合同で，直径 12 m の巨大揚水水車の共同修理プロジェクトを行うことになる。

　また，日本水車協会は福岡県朝倉市の三連水車の保全運動から活動が始まったそうなのだが，実は私が住んでいる黒川も三連水車がある福岡県朝倉市なのだ。まさに不思議な縁，不思議なつながり，これは運命といえるものなのかもしれないが，自分がポジティブにそして謙虚に動けていたからこそ，いろいろな方も応援してくれたのだと思っている。

　もし，専門知識がないから何もできないと嘆いている方がいるなら，実はそれが今のあなたの強みで，なんの先入観もなく謙虚にいろいろな話を聞くことができ，財産ともいえるつながりを多くいただけるチャンスなのだ。私の経験はそう教えてくれているのだと思う。

## 5．「なんでこれがメイドインジャパンかやん？」

　写真（右）これが試行錯誤のうえ完成した AIM の自転車足踏み水車の全容だ。写真は廃校となった黒川小学校のプールに実験的に設置したものだが，台にのっている自転車がある場所が地面で，プールの水面が池と湖面と考えていただきたい。仕組みは簡単で，台にのっている自転車をこぐと小さな缶がついているベルトも回り，空き缶が水を汲み上げるというシンプルなものだ。見かけがちゃちなので，「えっ？　これでいいの？」といわれることも多かったが「少々馬鹿にされるぐらいがいいの！」と話していた。

見かけのわりに実は1分間こぐと25〜30リットルの水を汲み上げ，2m程度の落差があるところから水も汲み上げられるという機能を有している。さらに水面に接する部分はペットボトルを使ったフロート式となっており，接続部分にも放棄自転車のサドルを使って稼働式としているため，アジア・アフリカの雨期や乾期による激しい水位の変化にも対応できるように工夫されている。我々はこれを水位自動調整システムと呼び，自転車の機能を最大に生かしたものだと自信を持っていたのだ。

　もちろん現地の方々がmade in Japanが来ると聞いたら，どんなものすごいものが来るかと期待することもわかっていた。しかし，あまりに完成された凄いものを送られ続ければ，送られる方は送り主に対等にものが言えなくなり，それが続くと力関係が生まれてしまい，対等に自立した関係にはなり得ないと考えていたのだ。仕組みが見え，シンプルなAIMの自転車足踏み水車のようなものだからこそ，現地の人たちが「これだったら自分たちはこんな風に工夫する！　ここは現地のものが使える！」と改造を加え，何かすごい貰い物としてではなく自分のものとして使用し，その後自分たちのものとしてその技術が地域へ広がっていくと考えていたのだ。

## 6．思うようには行かねども……

　それでは自転車足踏み水車は広まったのかというと，結果的にはまったく広まりはしなかった。完成した自転車足踏み水車を持っていったのはカンボジア。なぜまずカンボジアだったかというと，この水車のモデルとなった木製の足踏み揚水水車がカンボジアのもの（「ロハッチュン」）だったからだ。現地にて材料を調達し，持ち込み資材と共に現地の方々と一緒に設置。設置後は現地にても材料が調達可能なことを確認。設置後も現地にていろいろ改造していただいた

りはしたが，それをまねして作り出すような人は現れなかったのだ。

　その理由としてまず，水車を持っていったスパイリエン州が，気候的な問題などもあり，これまでロハッチュンが普及したことのない地域だったという地域性の問題が考えられた。しかしそれ以上に，日本では廃物利用でタダで作れるこの水車も，カンボジアにおいてはタダで作れるわけではないというのが大きな理由のようであった。自転車自体が貴重品で，20キロ先にある学校へ子どもが歩いて通っているのである。自転車が手元にあったら自転車は自転車として使いたいとなるのが当然である。

## 7．今日の失敗を明日の経験に活かせ！

　まさに失敗。ここでやめていたら我々の活動は終わっていたのだが，ここからがスタートとなった。活動をやめなかったのは，当時，我々が感じた手ごたえがあったからだ。それは，現地で水車を設置する際，現地の方々がいろいろアイディアを出し水車を設置してくれたことや，その後現地の材料によって改良してくれていた点だ。仕組みがわかり自分たちでメンテナンスできるものは，ただのもらいものと異なり，相手の自信を引き出すことにつながる！　という適正技術への手ごたえだった。

　そこで，我々はAIMの自転足踏み水車のモデルとなったカンボジアのロハッチュン（写真右下）の現状調査を開始することにした。調査を開始すると，ロハッチュンはカンボジア全域に広がっていたものではないことや，ロハッチュンが現存し使われている地域はあるがその利用者は年々減少しているという現状を知ることとなった。古臭い，田舎っぽいから嫌だと話す村人もいた。そんな話を聞き，ふと，香月氏が，三

連水車の保全運動の際，地域では「水車なんて田舎の象徴だ，そんな丁髷をゆって威張っているようなものは壊してしまえ」との声もあったと語っていたことを思い出した。

　現在多くの人々は稲作等で水汲みが必要な場合，燃料ポンプをレンタルし水を汲みあげている。燃料ポンプをレンタルしその燃料代を支払うと，年間通じての出費は 200 ドル程度。一方，木製のロハッチュンを用いて揚水した場合は人力なので燃料費は不要。ロハッチュンは取り外しが可能で，使用しない期間は高床式の家屋の下で保管できるため耐久年数も 10 年程度。もし壊れても簡単に手直し使用することができる。気になる値段は 30 ドル程度と格安なのだ。カンボジアでは近年の異常気象等の影響もあり，米の収穫が思った以上に得られない年もあるため，ポンプレンタル代や化学肥料代などの出費がかさみ，借金が返済できず実際に農地を失っている人が少なくない。確かに，燃料ポンプを使うことで時間はできるが，農村部にアルバイトのような現金収入を得る仕事がほとんどなく，レンタルしたポンプ代および燃料代が家計を苦しめているのだ。

　そこで AIM ではその現状をわかってもらうべく，写真とデータ入りで燃料ポンプとロハッチュンの出費を比較しわかりやすくしたカレンダーを作成し，ロハッチュンが現存している村で配布することを開始した。実際に毎日の生活に追われ生活していると，増収することに躍起になり，今ある出費を減らすことに目が向かないようだが，このカレンダーにより双方のコストを比較することもでき，ロハッチュンの存在を見直し，再度使いたいと申し出る方々も増えてきたのだ。

## 8．ただのプレゼントではなく

　そんな声を受け，AIM ではロハッチュンが現存していた，Prey Veng province Po-Hea village（プレイベン州ポヘア村）にて，ロハッチュンを用いたプロジェクトを開始した。このプロジェクトは建て替えの考え方を柱にしている。我々がただのプレゼントでは根付かないと考えたためだ。

例えば A さんからロハッチュンを使いたいと申し出があったら，AIM が村の水車職人さんにロハッチュンを注文し AIM が代金を支払う。その後完成したロハッチュンは A さんにわたされて使われることとなる。稲作や，ロハッチュンを使用して育てるタッと呼ばれるゴザの材料や，蓮の実（食用）の収穫が終わるたびに，A さんは自分のペースで返済を開始。返済が完全に終わればそのロハッチュンは A さんの所有物となり，返済されたお金が次のロハッチュン利用希望者用のロハッチュン購入資金に使われるという仕組みだ。

プロジェクトを開始して数年，返済のペースが遅いなど問題もあったが，この仕組みを通じて村内にてロハッチュンを通じたつながりが生まれ，このつながりが我々が思ってもいなかった動きにつながったのだ。

## 9．個人への支援がコミュニティの支援へ

このロハッチュンプロジェクトのために，ロハッチュンを作る 3 人の職人さんがロハッチュン組合を作り，利用者や利用希望者を集めて小さな会合を開催し，返済のことや次の利用者のことなどを話し合っていた。ところが，ロハッチュンの話題は水問題と直結し，この会合がきっかけとなり，村のある場所に共同で堰の建設を行いたいという話が持ち上がったのだ。堰といっても高さが 1 m 長さが 30 m という小さいものだ。しかしここに堰ができれば多くの方が 2 期作やタッや蓮の実の栽培が可能となるため，ぜひみんなで作ろうと村が盛り上がったのだ。ロハッチュンプロジェクトがきっかけとなり生まれた話ということもあり，村人は共同で作業を行うので，材料費は AIM が支援してくれないかと相談してきた。我々も今までの経緯も踏まえ，村人がその後きちんと管理するならという条件の下，出資を決定。その結果，村人の共同作業で堰を完成させたのだった（写真右）。

本当に小さな堰だが建設後6年，若干のいたみはあるものの，ポヘア村では日本堰と呼ばれ大切に管理されている。この堰のおかげで100世帯近くの方々が乾期米の栽培やタッや蓮の実の栽培に取り組んでいる。個人支援のプロジェクトが共同体での作業につながったのだ。

その後ポヘア村の人々は，AIMが別のプロジェクト地で運営しているコメ銀行の活動を視察し，2010年より共同体づくりの活動ともいえるコメ銀行の取り組みを開始している。

## 10. コメ銀行プロジェクトとは

AIMがコメ銀行プロジェクトに取り組み始めたのは2002年，カンボジアバッタンバン州タグネン村（Battambang province Tangen village）にて開始した。この年，カンボジアの宗教省より「タグネン村は旱魃に見舞われ木の根を食べなければならない状況であり，何とか支援して欲しい。」との要請をうけ，AIMの現地スタッフSing Kea（シンキェ：以下，キェ氏）が現地へ出向きその緊急性を確認。米20トン緊急支援（写真右）を行ったのがきっかけだ。

宗教省という省自体耳慣れないが，カンボジアは仏教を国教としているため宗教省なる省が存在している。なぜ宗教省から要請が入ったのかというと，AIMでは立ち上げ当初より四方僧伽プログラムとして，宗教省を巻きこみ日本の仏教者とカンボジアの仏教者の交流のコーディネートを実施しており，宗教省との関係ができていたためだ。そのような流れから我々もこの米の緊急支援では，日本の仏教寺院に宗派を問わず支援を依頼し，資金調達を実施した。その結果，緊急支援として20トンの支援が可能となり，当面の飢餓から村を救うことができたのだ。

しかし，我々は小さなNGO。毎回20トンもの米の支援を行うのは難しい。コメ贈呈の後，村人に今後このような事態に見舞われた場合，どのようにして危機を回避できるのか？　等を話し合ってもらった。その際に村人が取り組みたいと話したのが，コメ銀行の取り組みなのだ（現在，AIMの四方僧伽プログラムから始まった四方僧伽運動はアジア20カ国に広がる，助け合いネットワークとして発展している。http://www.catuddisa-sangha.org/index.html）。

## 11. 共同体をつくる!?

コメ銀行プロジェクトとはAIMが独自に考え出した仕組みではなく，多くのNGOがすでに取り組んできた仕組みだ。村にコメ銀行組合をつくり，組合で種籾の貸付を行い，その組合が米の利息を用いて村づくりを行っていく仕組みのことだ。このタグネン村では種籾が必要な場合，村の高利貸しから借りてくるしか方法がなく，100キロの種籾を借りた場合，収穫後220キロで返さねばならないという状況であった。あまりの高利と感じるのだが，村に貸してくれる所は他になく，そこのいう事を聞くしかないという状況なのだ。

**コメ銀行の規約をまとめた冊子**

AIMでは，緊急支援の翌年より村においてもコメ銀行組合に参加したいメンバーを募集し，村人と話し合いを繰り返してコメ銀行組合の規約を作成。規約にのっとり，村人同士の話し合いにて10世帯程度でグループを組織しグループリーダーを決め，グループリーダーのなかからコメ銀行組合の四役（代表・副代表・会計・事務局）を選出する選挙（3年に一度）を開催した。話し合いにおいて一番時間を費やしたのはその貸付利率。いろいろな意見が出たが，村人が決定した最初の利率は15%（現在では20%）。他のNGOでは利率が40%程度

が普通で，この利率は低いとも思ったが，我々にも経験がなく村人の意志に任せ，最終的には15%の利率で取り組みが始まった。村人の組織化と同時に日本国内では，緊急支援に引き続き，コメ銀行に必要な種籾および米倉建設資金集めを開始し，コメの緊急支援の翌々年より194世帯からなるタグネン村コメ銀行組合の取り組みが始まった。

## 12. 自信をつける村のおじちゃんたち！

　AIMでも経験のないコメ銀行の活動。今までのプロジェクトより関わる世帯数が多いことに心配も多くあったが，村人が自分たちで決めた利率が低かったこともあり，初年度よりみごと，利息米を含めた100%返済となった。

　返済をうけ，コメ銀行組合では，利息米の販売益で実施する村づくり事業の話し合いが行われた。「道が必要だ」，「共同のトイレを作りたい」，「共同の井戸を掘ろう」等いろいろな意見が活発に議論され，その結果，組合が最初に行ったのは毎年雨期になると土が流れて通れなくなってしまう道に，水の通り道となるセメント管を埋めるという共同事業だ（写真右）。

　早速，利息米の販売益でセメント管を購入し，工事を開始し始めると，地域行政より砂利の提供の話がコメ銀行組合に舞い込んだのだ。私はこの時，現場にはいなかったのだが，キェ氏の話によると組合の方々はものすごい悦びようだったそうだ。というのも，この事業は毎年行政へ地域から工事依頼を行っていたが，今までまったく相手にされていなかったそうなのだ。キェ氏曰く，

「お役所も約200世帯からなる組織ができ，ほっとけなくなったんだと思うよ」。私が訪問した時のおじちゃんたちの誇らしげな笑みは今も忘れることができない。

## 13. タグネン村＝バカ村??

AIMが最初にコメ銀行プロジェクトを開始したタグネン村は，タイとの国境沿いの地域。ポルポト派が最終的にタイとの国境沿いに逃げ込んだ経緯もあり，カンボジア政府からすると，この地域は対立するポルポト派を最後まで支援していた地域ということになるようで，なかなか国際支援の手が届かない地域だったのだ。AIMのような小さなNGOに，外務省からでなく，宗教省から村の支援の要請が舞い込んだのもそのような理由があったからのようだ。

さらに，地域の方々と長期的に関わるようになってわかったことであるが，タグネン村は歴史の古い村ではなく，貧しい人々が，もともといた村を離れ自分たちで開墾して作った村で，この地域では馬鹿者のたとえとして「あいつはタグネンだな」等といわれたりする虐げられた地域だったのである。

そんなことを知ると，『自分たちはできる!!』との自信が生まれた結果があのおじちゃんたちの笑顔なのだとよくわかる。初期投資があれば，後は地域の方々が自分たちで永続し運営していくことが可能なコメ銀行の仕組みには可能性を感じずにはいられない。現在タグネン村コメ銀行組合は325世帯，立ち上げの2005年より昨年2011年までの間に，上述した道の工事に加え，共同のトイレを5つ，共同の手掘り井戸を7本作り，そして7本の道の造成を実施した。私は毎年プロジェクト地を訪問し，四役と話をするのだが，逞しく歩んでいるコメ銀行の方々の姿を見るたびに『お前は自分の地域で何をやっているのだ？』と問われている気がしてならない（AIMでは，現在カンボジア国内において5カ所でコメ銀行の運営やコーディネートを行っている）。

## 14. パイナップルの時代!!

　タグネン村コメ銀行の四役の仕事は多岐にわたる。現在 26 グループで運営されているが，連絡調整や会議はグループリーダーと四役で開催。26 人のグループリーダーをまとめるのも大変だ。毎年 300 世帯に及ぶ参加世帯に，年間約 7 トンのコメを貸し付けている。貸すだけでなく，返してもらうことが重要で，返済を求めるのも四役。タグネン村のコメ銀行の利率は 20%，村人が自分たちで決めた利率なので返済率も良好だが，さまざまな事情で返済が進まないことがあり，四役の方々は問題が起きぬようリーダーシップを発揮している。返済時期には，コメ銀行の米倉前で帳簿を広げて返済を待ち計量するのも四役。1 袋 100 キロ程度の袋を 2 人で担ぎ上げ，米倉に積み上げる。もちろん持ってきたコメ銀行メンバーが積み上げるのだが，なかには未亡人やお年寄りが持ってくる場合もあり四役にこの労が任される。とにかく大変な作業だ。

　そんな作業を共にしながら「コメ銀行の四役の仕事は大変でしょう？」と尋ねると，四役の 1 人 BanBon（バンボング）氏は「大変なこともあるが，コメ銀行組合をやってきて本当によかったと思っている。みんなで協力していろいろできるからねっ」と笑いながら話してくれた。そしてボング氏は「ポルポトが支配していた頃は，本当にパイナップルの時代だった……」と語り始めたのだった。最初，自分もまったく何のことかわからなかった。

　このパイナップルの時代とは，1975 年から誕生したポルポト政権の時代を意味している言葉だ。ポルポト政権は，長引くベトナム戦争からアメリカが撤退した後，ポルポト率いる反米武装勢力「クメール・ルージュ」がそれまでの親米政権を崩壊させて権力を奪ってできた政権である。ポルポトのやり方は，完璧な共産主義を作り戦後の農村の荒廃を立て直すためと称し，大都市の住民，資本家や知識人など知識階級の財産をすべて没収。彼らを全員農村に強制移住させ農業に従事させるなどし，逆らう者は，国民はもとよりクメール・ルージュ内でも徹底して弾圧，殺害，その数は 100 万人とも 300 万人ともいわれるほ

ど。ポルポト政権時のカンボジアの人口が約800万人といわれているので、その割合から考えても本当に恐ろしい数だ。メガネを掛けているだけでも知識人とみなされ、殺されていたそうだ。

　そんな時代、クメール・ルージュ政権は、恐怖を武器に密告を奨励し、村人同士に互いを監視させていたそうだ。知り合いや家族さえ信用できない極限状態、それがおじさんの言うパイナップルの時代だ。「パイナップルには目みたいのがいっぱいついてるだろう。いつもあんな感じでいろんなところから見られ、そして私も見ていた。そんな時代だった（イメージ画参照）」。熱帯の陽気なイメージのパイナップルが、私のなかでとても冷たく恐ろしいものに感じられた瞬間だった。そんな時代があったからこそ、四役の方々は、「コメ銀行組合を作って良かった！！」と楽しそうに話してくれるのだ。このコメ銀行の活動で、地域の方々の力により村づくり事業が行われることも大切だが、この活動で共同体が再生されているということがとても重要なことなのだ。

イラスト：柳　孝夫

## 15. 海外にでて気づく日本の田舎の地域力！！

　カンボジアでさまざまな体験をしてきたからだろうか、私は俗に煩わしいと言われている田舎の行事がとても大切なものに感じている。私が住んでいる黒川には、黒川高木神社の宮座、公称「高木神社秋期例祭」と呼ばれ、通称「黒川くんち」といわれる行事がある。この行事は旧暦9月29日に行う行事だったが、現在は10月29日に、真竹(まだけ)（黒松(くろまつ)を含む）・宮園(みやぞの)（迫(さこ)を含む）・馬場(ばば)・北小路(きたしょうじ)・疣目(いぼめ)・疣目口(いぼめぐち)・元ノ目(もとのめ)（荒田(あらた)を含む）・西原(にしばる)の8地区が順番にまわり番

で座元を引き受け実施されている。歴史上ではなんと1789年（寛政十年）の「筑後國続風土記付録」に記されている歴史深い行事だ。
　行事の特徴は，宮座の中心となるのが御当（または御当子）と呼ばれる子どもであること，宮座の行事のなかに御ホシによる穀霊つなぎがみられることだ。その年に取れた新米を土器に入れて木箱に収め，藁苞に包み込んだ穀霊（御ホシ）を受方の座元地区で作り，地区守護神を祀る杜の神木の樹上に安置して1年間保存。くんちの際にこれを開け，カビだらけなら今年は不作の年，比較的きれいだったら豊作などと占われる。また，翌年の宮座の前に新しく収穫した米に混ぜて御供を調整し，穀霊のつなぎを行うものだ。
　今でも準備を含め3日間かかり，準備段階から宮座，座元譲り渡しまでの行事には共同体の結束がみられ，中世以来の貴重な集落祭祀の伝統が伝えられている。この地で脈々と続いている行事だ。このくんちは，共同体が守ってきたのだろうか？　それとも，この行事があることにより共同体が守られ維持され続けているのか？　そんなことを感じながら行事に参加したものだった。とにかく途絶えることなくこのような歴史深い行事が今も残り，それに関われることは，私にとっては煩わしいどころかありがたいことだと思えてならない。
　黒川くんちは県の無形文化財に指定されている祭りだが，地域の道路愛護（道や山や川の草刈の共同作業）の後に毎年実施されている『御願たて』の行事も古いらしい。小さく切った半紙に行事（百本灯明・御篭り・かす笑い・魚食べ・百度参り等）を書き，それを神社の神殿の前の三方に載せ，御幣を振り行う行事だ。御幣を振ると，不思議なことにこの小さな紙が御幣に付いてくる。その紙に書かれている行事をその年，地域のみんなで実施することとなるのだ。
　地域のおじちゃん曰く「これりゃーえらい，昔からある行事ばい！」とのこと。「昔っていつぐらいから？」「そりゃ知らん，江戸時代より前じゃなかか？」

こんな適当な感じなのだが，何百年も前より人々がこの小さな神殿の前で御幣を振り，一喜一憂し地域で行事を行ってきたのかと思うと面白い。そして，カンボジアにおいて一度，地域力が断絶してしまった状況を見ているからこそ，地域に脈々とつづくこの結合力は本当に力強く感じてならない。

## 16. 田舎に住むって大変??

　私自身も黒川に住みついて以来，自分の食べるお米は自分で作っている。日本はこんなに自然が豊かな土地，水にも不自由しない地域なのに，食料自給率はカロリーベースで40%程度といわれている。貧しい国々から食べ物を買い集めてきているのに，恥ずかしいことに世界で一番食べ物を捨てている国だともいわれているのだ。自分は農薬の問題や化学肥料の問題も気になるので，無肥料無農薬で米を作っている。そんなことを始めようとした時，もちろん地域のおじちゃんたちとぶつかることがある。「お前が農薬まかんと，うちの田んぼにまで虫が来ようが!!」といわれることもある。でもじっくり話し込むと「お前んごたーとが色々やるとはいいとかもしれん。でも，自分たちは生活がかかっとる。今のままで何とかなりよるけん，変えようとは思わん。ばってんもし，農薬や化学肥料が手に入らんごたる状況が来た時は，お前んごたっとがやりおることが役に立つとかもしれん。」といってくれるのだ。納得はしていないが，認めてはくれるのだ。

　AIM立ち上げ当初より，子どもたちを集めて地域の方々を巻き込み，イベントをしてきたからだろうか？　煩わしいといわれる地域行事も楽しんで参加したりしているからだろうか？　カンボジアで電気も農業機械もないところでの生活を経験しているので，不思議とじぃちゃん・ばあちゃんたちとも話が合うからだろうか。今まで，自分

は地域の方々から排除されたような記憶は
あまりない。田舎は排他的とよく聞くが，
近年，以前より田舎に年寄りが増え，さら
に歳をとり以前より丸くなったのかもしれ
ない。
　しかし今，本当に悩んでいることがある。
私は3年前に結婚し，翌年子どもを授かっ
たのだが，近所に同級生がまったくいない
のだ。現在，黒川には小学生が4名しかお
らず，スクールバスで通学している。この
地は買い物・病院等，確かに不便ではある
が，自然環境は子育てにはもってこい。近所のばあちゃんがひとの子のために
手縫いのチャンチャンコを持ってきてくれたりするほど親切で，子育てには本
当にいい地域なのだ。しかし，子どもたち同士の触れ合いも必要で，将来の保
育園や学校のことを考えると，いつかこの山里から下らなければならなくなる
のかと，今，妻と共に本気で悩んでいる。

## 17. 滅びるばい……

　歴史をしっかりつむぎ，地に根ざし，私からすると，生きる力と自信に溢れ
ている地域のおじちゃん方。でもそんなおじちゃん方と黒川の将来を語ろうと
すると，なんとも寂しい言葉が発せられる。「このままいったらもう，ここは
10年後に滅びるばい」。諦めきっているのか，なんともカラッとそう語られる
のだ。自分も思わず「そーですよねぇー」なーんて相槌してしまう。確かに知
り合う方々，大先輩ばかりで同年代にはなかなか出会わないし，悲しいが，本
当に荒れ果てて，滅びてしまうイメージが目に浮かぶのだ。
　しかし，地域に若者のつながりが切れてしまってはいないことを，私も近年
知ることとなった。3年前より黒川の消防団に入団したのだが，この地を離れ

て暮らす若者もポンプ操法大会や訓練そして夜警など，事あるごとに地域に戻ってきてくれている。消防団に入り，若い人たちとの付き合いが広がった。火事はもちろん，人探し等のたびに集まる消防団の方々には頭が下がり，そして日本には地域に根ざした絆，ボランティア組織があるのだと驚かされるばかりだ。だが，やはり結婚や就職などの節目でこの地を離れる人が多い。通勤や通学に時間がかかりすぎる。現金収入を得る手段がこの地にない。妻がどうしても……。子どもが地域に少なくて……等が，次世代を担う若者がこの地を出て行く原因だ。でも，彼らも決してこの故郷を滅ぼしていいだなんて思っていない。

## 18. 古 里

　黒川の若い人たちともつながりができ，仕事で関わる「僕らの楽校」という青年グループも力をつけ始めた。さらに，このあさくら地域を良くしたいと考えている活動的な社長さんたちともつながり，AIM も活動を始めて 10 年を越えた今，より地域に貢献できるような新たなステージに向かわねばと考えていた矢先，この地で私を導いてくれた，私の黒川の母的存在の渕上隆子氏が亡くなられた。私がこの地に来る縁をつむいでくれた方，私たちの活動をいつも温かく見つめていた方だ。この山里のいろんな良さを私に教えてくれた隆子さん。ガードレールを肩にからげて「よっ　みっちぃ元気!?」といってくるようなすっごいおばちゃんだった。

　そんな隆子さんも肺を患い，さらに一昨年，旦那の弥之助さんに先立たれ元気がなくなっていた。その後ちょくちょく入退院を繰り返し，「やっぱり黒川の水が飲みたかけん，水を持ってきてやらん（水を持ってきてくれない）？」と私に電話をかけてくることもあり，病院に水を持っていくこともたびたびだった。温かくなって，退院する頃にはうちの娘も散歩できるようになるし，隆子さん家まで散歩に連れて行こう！　そしたらきっと，隆子さんも元気になると思っていたのに……。

葬儀の際，黒川と離れて暮らす息子さんが，隆子さんが残したメモを弔辞に読まれていた。それは，黒川でずっと暮らしてきた隆子さんの気持ちが溢れるものだった。その後，息子さんとも知り合いとなり，隆子さんが残したメモをあらためて見せていただけることとなった。そこには，隆子さんがいかに故郷を思っていたのかが綴られていたのだ。

　「このままじゃ，滅びるばい！」とカラっと言ってのけるおじちゃんたちもきっと隆子さんと同じ気持ちなんだと思うと，メモを見て余計に泣けてきた。これからは，安易に相槌するのはやめて「滅ぼしたらイカンですよっ！」と胸をはって答えることにしようと心に決めた。この地は，気がつけば今では，私が生きてきて一番長く住んでいる土地なのだ。私たちのチャレンジは失敗しても「あの里川のばかちんが，また面白いことばやりおるばい！」と話の種や笑い話にはなるのだ。話の種になるだけでも，僕らとしてはありがたいことだ。

　最近，仲間のなかに黒川に住んでみたいという同胞も現れてきた。まずはやりかけの水車小屋プロジェクトを再開させる。このプロジェクトは，隆子さんも弥之助さんも大賛成していたものだ。地域の方がやりたくてもできないことをやってみる！　失敗しても構わない。挑戦できることが僕らの存在価値なのだ。

## 19．H 23．11．14　晴れ

　今日も山で昼食をした。夫と二人何でもあるもんでええ，ここで食べようと言ってお弁当を食べていた山。犬もついてきて大人しくねそべっていたなぁー。あんな穏やかな毎日が普通の日常がどんなに大事かその時はわからなく感謝もしない。さえずりあう鳥の声，とても賑やかな事です。《中略》

　私を支えてくれた畑，山，そして木々達，この30年本当に夢をくれたこの山，子供や孫にも夢をあたえつづけて下さい。自然はいつまでも大きい。人は小さい。小さい人が，60年，70年この世に生きてゆく。そして死んで行く。多くの人と出会い別れ。しかし自然は動かない。ドーンとかまえて。そんな古

里が好きです。愛する愛する美しい古里よ。私は，この地にまた蘇りたい。人としてでなくてもいい。この地に又，生きられるなら。

（故渕上隆子さんのメモより）

その後，ゴランピアのにぃちゃんとその仲間たちは，2013年3月24日に(0946)地域＝福岡県朝倉市郡域の結びつきを見えるようにして，その素晴らしさを発信する大実験を実施。前人未到の1,039人1,040脚でギネス世界記録TMを樹立した（その時の様子は1,039人1,040脚で検索ください）。ゴランピアのにぃちゃんたちの飽くなき挑戦は，これからもまだまだ続くのだ。

[参考文献]

甘木市教育員会「黒川高木神社の宮座」，『甘木市文化財調査報告』第二十一集。
池田香代子『世界がもし100人の村だったら 3 食べもの編』マガジンハウス，2004年，p. 49。
斎藤 孝『斎藤孝のざっくり世界史』祥伝社，2008年，pp. 204-205。
F・アーンスト・シューマッハー『スモールイズビューティフル 人間中心の経済学』講談社，1986年，p. 236。
F・エルンスト・シューマッハー『スモールイズビューティフル再考』講談社，2000年，pp. 194-195。
瀧井宏臣『風人たちの夏―ある国際協力の記録』八月書館，1992年，p. 40。
中田正一『国際協力の新しい風―パワフルじいさん奮闘記―』岩波書店，1990年，p. 79。
吉田燿子『日本初「水車の作り方」の本』小学館，2000年，pp. 106-119。

## あとがき
## POSTSCRIPT

　「市民参加のまちづくり」シリーズの初版が出版されたのは，いまから12年前の2001年10月であった。当時は，市民が主体的にまちづくりにかかわること自体がそれほど認知されていなかったにもかかわらず，豊富な事例からその可能性を論じた初版は4カ月で売り切れ，翌年2月には二刷に進み，増刷も売り切れた2005年にはシリーズ化第一作の事例編が出版された。本書は，シリーズ完結編ともいえるものであり，前作コミュニティ・ビジネス編で仮に到達していた「市民事業が企業家精神を持つことと，営利事業が社会的価値を重視し，幅広い関係当事者が意思決定に関与していくことを両立させ，相互収斂を目指すことが事業と地域の持続性担保に必要である。」という結論の理論化をさらに進めるとともに，それを多様な事例から検証しようとする試みである。

　グローバル化は現代社会を創り上げているまぎれもない事実であり，もはやそれに対抗することは無意味に見える。しかしながら，グローバル化のなかで疎外されている人たちが，さまざまな形でオルタナティブな社会を築こうとしていることもまた現代の事実である。ただし，その方向のなかには正反対のアプローチが含まれている。一方は，あたかも普遍に見えるグローバルな価値観を受け入れ，そのなかで地域の付加価値を見つけていく方法であり，他方は，そのような価値を認識しつつ，どのように地域の自律を保つかを注意深く探る方法である。どちらもローカルな価値創造をうたっているが，その目指す方向と主体性がまったく異なっていることに注意する必要がある。本書は，これまでのシリーズと同様に，専門の異なる3人の編集者が，そのネットワークのなかで執筆者を推薦し，協議を重ねて作りあげており，執筆者同士が研究会等を通じて直接議論し，結論を導いたものではない。そのため，取り上げられているそれぞれの事例が，上で述べたアプローチのどちらに属するか（または，どちらの色合いが強く出ているか）は読者諸氏の判断にお任せする。編者が伝えた

メッセージとして，持続可能な地域・コミュニティを創り上げるには，多様なアプローチが併存できる環境づくりが政府や市民社会に求められていることを新たな結論としたい。この作業を通じて，まちづくりを他人事ではなく，自分の生活空間の維持向上に不可欠の営みであることを意識して1人ひとりの市民が行動するときの1つの指針を提供できたと考えている。

　編者の3人は，それぞれの専門が異なるが，「まちづくり」をキーワードに研究や社会実践に関わってきた。久留米大学経済学部文化経済学科設立の際には，久留米および筑後川流域の地域づくりに関わりながら，教育と研究の接点を探ってきた。《本書の副題につけた「コミュニティへの自由」には，コミュニティは自明のものではなく，与えられた時空のなかでその構成員が作り上げるものであるという意味を表したつもりである。》本グローカル編でシリーズは完結するが，今後ともグローバルかつローカルに研究・実践を行い，経済権力が国家主権や市民社会をおびやかすこの時代に，この本を手に取ってくださった皆さんとともに1人ひとりが幸せを求め実現できる社会の構築に励んでいきたいと願っている。

　本書の出版にあたり，創成社の塚田尚寛代表取締役社長には細かい心配りをいただき，大変お世話になった。塚田社長の尽力がなければ，本書の出版はかなわなかったであろう。

　また，久留米大学経済学部より出版助成をいただいた。山田和敏久留米大学経済学部長をはじめ，経済学部役職者および関係各位のご配慮に感謝を表したい。

執筆者を代表して

伊佐　淳<br>
西川芳昭

---編著者紹介---
## PROFILE

**伊佐　淳**（いさ・あつし）　担当章：第4章，あとがき

1962年　沖縄県生まれ。
現　在　久留米大学経済学部教授
専門分野　非営利組織論，地域再生論

[まちづくりについて一言]

地域経済社会の再生・活性化には，地域のさまざまな主体（非営利組織，地縁団体，社会的企業，行政，公的機関，民間企業など）が相互に長所と短所を補い合いながら，地域の特性を引き出していくことがポイントだと思います。

[主要著書]

『ボランティア・NPOの組織論』（学陽書房，2004年，共著）

『公民パートナーシップの政策とマネジメント』（ひつじ書房，2006年，共著）

『NPOを考える』（創成社新書，2008年）など。

---

**西川芳昭**（にしかわ・よしあき）　担当章：第7章，あとがき

1960年生まれ。
現　在　名古屋大学大学院国際開発研究科教授
専門分野　農業・資源経済学，開発社会学

[まちづくりについて一言]

多様に形成されるコミュニティをその構成員がどのように活かすか，限りある資源を誰がコントロールするか。主権が問われる時代に，多様なアクターのまちづくりへの参加が期待されます。

[主要著書]

『地域文化開発論』（九州大学出版会，2002年）

『地域の振興　制度構築の多様性と課題』（IDE-JETROアジア経済研究所，2009年，共編著）

『生物多様性を育む食と農』（コモンズ，2012年，編著）など。

松尾　匡（まつお・ただす）　担当章：はじめに，第1章
　1964年生まれ。
　現　　在　立命館大学経済学部教授
　専門分野　理論経済学
［まちづくりについて一言］
　具体に徹し普遍を求めよ。下記サイトより，「久留米大学時代の地域貢献活動」をご覧ください。
　http://matsuo-tadasu.ptu.jp/
［主要著書］
『「はだかの王様」の経済学』（東洋経済新報社，2008年）
『商人道ノススメ』（藤原書店，2009年）
『新しい左翼入門』（講談社，2012年）など。

---**著者紹介**（執筆順）---
# PROFILE

**葉山アツコ**（はやま・あつこ）　担当章：第2章
　　現　　在　久留米大学経済学部准教授
　　専門分野　東南アジア地域研究，森林・山村研究
　**[まちづくりについて一言]**
　　治安の不安定な発展途上国の農村で暮らしてみると，まちづくりとはまずは自分と家族の身を守ることから始まるということを実感します。日本のまちづくりの議論は，成熟した社会のそれであるということを強く感じます。

**上田恵美子**（うえだ・えみこ）　担当章：第3章
　　現　　在　（社）奈良まちづくりセンター理事，（公財）大阪市都市型産業振興センター経済調査室研究員
　**[まちづくりについて一言]**
　　産業振興センターでの仕事を通じて，社会に豊かな暮らしを提供しようと，日々邁進する経営者の方々と出会います。まちづくりとは，営利か非営利かといった単純な2元論を越えて，まちに暮らす1人ひとりの個性が尊重されつつ，人と人とのつながり方を再構築していくことだと考えます。

**冨吉満之**（とみよし・みつゆき）　担当章：第5章
　　1980年生まれ。
　　現　　在　名古屋大学環境学研究科COE研究員，大阪産業大学非常勤講師
　　専　　門　非営利組織論，環境経済学
　**[まちづくりについて一言]**
　　高度経済成長期の後の「まち」に生まれ育った「根っこ」のない世代として，次の世代に根っこを残せるような研究・実践に携わっていきたい。

**畠中昌教**（はたなか・まさのり）　担当章：第6章
　1972年生まれ。
　　現　　在　久留米大学経済学部准教授
　　専門分野　観光地理学，スペイン研究，ワインと食
　［まちづくりについて一言］
　1990年代半ばに修士論文の調査を通じて奈良のまちづくり活動に出会いました。それから10年経って再びまちづくりの文献に目を通すようになり，大分変化があったのだなと感じています。

---

**ロドリーゲス・ソコーロ・マリーア・デル・ピノ**（Rodríguez Socorro, María del Pino）　担当章：第6章
　1969年生まれ。
　　現　　在　ラス・パルマス・デ・グラン・カナリア大学ツーリズム研究所 TiDES 研究員
　　専門分野　地理学，持続可能なツーリズム
　［まちづくりについて一言］
　これまでの仕事は，自然，文化，歴史遺産といった視点から，グラン・カナリア島サンタ・ブリヒダ市の価値を高めることに努めてきました。このような仕事のなかでも，ローカルな歴史的記憶を掘り起こす過程において地元住民の役割が重要でした。

---

**北野　収**（きたの・しゅう）　担当章：第8章
　1962年生まれ。
　　現　　在　獨協大学外国語学部交流文化学科教授
　　専門分野　開発社会学，地域開発論，NGO論
　［まちづくりについて一言］
　私たちは現実の「容器」のなかで受動的に生きることを余儀なくされているようにみえますが，その一方で，自ら思考し，「容器」を能動的に逆規定して変革を促す潜在的な力をもった存在だと信じたいです。

---

**伊佐智子**（いさ・ともこ）　担当章：第9章
　1965年生まれ。
　　現　　在　オーストラリア・メルボルン大学アジア研究所訪問研究員
　　専門分野　法哲学，生命倫理

[まちづくりについて一言]

　オーストラリアと比べると，日本では，女性がまだ「家」に縛られている。まちづくりは，生活と不可分であり，コミュニティのなかで女性が尊厳を持って活動できるところでこそ実現するのではないか。

**坂本　毅**（さかもと・たけし）　担当章：第10章
　　現　　在　有限会社バンベン代表
　[まちづくりについて一言]
　まず「自分は何をやりたいのか」，照準を定める。
　自分のやりたいことを自分のペースで淡々と進める。共感を得られるようなストーリ性をもつ。志は貫きつつ，やり方は柔軟に。とにかく続けること。

**松石達彦**（まついし・たつひこ）　担当章：第11章
　　現　　在　久留米大学経済学部教授
　　専門分野　東南アジア経済論・東アジア経済論
　[まちづくりについて一言]
　日本のプロ野球では，フランチャイズ制にもかかわらず，球場の作り，応援のあり方に大きな違いがみられない。まちづくりにおいても，ハード，ソフトの両面において，住民がもっと愛着を持てるような独自色を持つことが必要ではないだろうか。

**里川径一**（さとがわ・みちひと）　担当章：第12章
　　現　　在　AIM国際ボランティアを育てる会代表，朝倉市観光協会
　　専門分野　国際協力・国際理解教育・社会教育
　[まちづくりについて一言]
　まちづくりで大切なのは，その地にどれだけ人との結びつきが感じられているのか？ その結びつきがどれだけ見えているのかだと思います。自分とつながり結びついている人をいかに増やし，その結びつきへの気づきをいかに演出するのか!! これこそがまちづくりにとっても，人づくりにとっても，大切なことだと思っています。

（検印省略）

2013年3月31日　初版発行　　　　　　　　略称－市民参加（グ）

## 市民参加のまちづくり【グローカル編】
―コミュニティへの自由―

編著者　伊佐　淳・西川芳昭・松尾　匡
発行者　塚田尚寛

発行所　東京都文京区　　株式会社　創 成 社
　　　　春日 2-13-1

電　話　03（3868）3867　　　F A X　03（5802）6802
出版部　03（3868）3857　　　F A X　03（5802）6801
http://www.books-sosei.com　振　替　00150-9-191261

定価はカバーに表示してあります。

©2013 Atsushi Isa, Yoshiaki Nishikawa,　　組版：緑　舎　　印刷：エーヴィスシステムズ
　　　 Tadasu Matsuo　　　　　　　　　　　製本：宮製本
ISBN978-4-7944-2409-9 C3034　　　　　　　落丁・乱丁本はお取り替えいたします。
Printed in Japan

―― 創成社の本 ――

|  |  |  |  |
|---|---|---|---|
| 市民参加のまちづくり【グローカル編】<br>―コミュニティへの自由― | 伊佐　淳・西川芳昭<br>松尾　匡 | 編著 | 2,400円 |
| 市民参加のまちづくり【事例編】<br>―NPO・市民・自治体の取り組みから― | 西川芳昭・伊佐　淳<br>松尾　匡 | 編著 | 2,000円 |
| 市民参加のまちづくり【戦略編】<br>―参加とリーダーシップ・自立とパートナーシップ― | 松尾　匡・西川芳昭<br>伊佐　淳 | 編著 | 2,000円 |
| 市民参加のまちづくり【英国編】<br>―イギリスに学ぶ地域再生とパートナーシップ― | 浅見良露・西川芳昭 | 編著 | 1,800円 |
| 市民参加のまちづくり【コミュニティ・ビジネス編】<br>―地域の自立と持続可能性― | 伊佐　淳・松尾　匡<br>西川芳昭 | 編著 | 2,200円 |
| グリーンツーリズム<br>―文化経済学からのアプローチ― | 駄田井　正<br>西川芳昭 | 編著 | 2,000円 |
| まちづくりの論理と実践<br>―都市中心市街地のまちづくり戦略― | 濱田恵三 | 著 | 2,100円 |
| 株式会社黒壁の起源とまちづくりの精神 | 角谷嘉則 | 著 | 2,400円 |
| 子どもと地域のまちづくり | 明治大学商学部<br>水野勝之 | 監修<br>編著 | 2,000円 |
| 日本一学【浦安編】 | 水野勝之 | 編著 | 1,500円 |
| 流通革新のマーケティング | 酒巻貞夫 | 著 | 2,600円 |
| 商店街の街づくり戦略 | 酒巻貞夫 | 著 | 2,500円 |
| 商店街の経営革新 | 酒巻貞夫 | 著 | 1,800円 |
| 10代からはじめる株式会社計画<br>―経営学 vs 11人の大学生― | 亀川雅人 | 著 | 1,600円 |
| M&Aアドバイザーの秘密<br>―トラブルと苦労の日々― | 村藤　功 | 著 | 1,500円 |
| 共生マーケティング戦略論 | 清水公一 | 著 | 4,500円 |
| 広告の理論と戦略 | 清水公一 | 著 | 3,800円 |
| 現代消費者行動論 | 松江　宏 | 編著 | 2,200円 |

（本体価格）

―― 創 成 社 ――